紙上律師

創業有辦法

周念暉 律師 著

自 序

　　這幾年觀察到，隨著台灣創業法規的鬆綁、商業環境的逐步開放，願意投入創業的台灣年輕人越來越多，對台灣新創環境注入嶄新的能量。身為執業律師，最直接的感受是向我諮詢創業法規事項的創業者，比例相較過往大幅提升。

　　這不禁讓我想起，曾讀到一份新創領域的調查報告指出，對於創業老闆而言，經營事業面臨的最大考驗，往往不是該如何在市場生存、該如何加速獲利。對眾多創業者來說，最難的議題反而是來自「會計」與「法務」。

撰寫本書的初心：協助更多創業老闆順利展開事業

　　因為多數老闆具備某一方面的專業能力，例如工程、資訊、行銷、創意，他們能運用「Domain Know-How」領域知識的獨特性，在市場中殺出一條血路。但是在經營企業過程，不可避免經常會牽涉「人員」、「管理」面向，如果缺乏足夠的法學素養，在創業過程往往就會不小心「踩到」法律地雷，連帶產生影響公司營運的危機。

　　洞察創業者對台灣公司法規認識不足的情況，加上目前市場上沒有一本專門為新創公司，從成立第一步到開始營運後會面臨的種種狀況，所撰寫的專門法律書籍。眾多因素成為我撰寫本書的初衷，也就是希望透過我的法律專業，幫助更多老闆、未來想創業的年輕朋友，有一本創業能時時陪伴在側的應用書籍。

運用本書的方式：12 個章節契合創業情境避開法律地雷

在擬定這本書內容的時候，我不斷思索該如何呈現內容，能更符合讀者的需求。我希望這本書能兼具宏觀視野及實用功能，在與本書的文字整理夥伴薪智討論之後，我們決定引用《易經》中的卦辭「元亨利貞」，作為本書的章節骨幹，每一章之下再延伸出最重要的議題。

一方面《易經》是古代用來預知吉凶禍福的卜筮書，象徵創業者善用本書後，展開事業能有效趨吉避凶；另一方面「元亨利貞」代表萬物生生不息的循環，使用這四者占辭，我們用來指涉企業從開始創立、事業經營逐漸起步，到下一步企業擴張的四個階段，讓讀者運用本書更清楚企業佈局過程，會遭遇哪些法律議題。

「元」章代表創業開始，所謂「好的開始，是成功的一半」，我們找出多數創業者在踏出創業第一步最常面臨的實際問題，也就是從公司登記的類型選擇、股東協議書內容議題著手。「亨」章講究創業亨通，一間企業在營運過程，最常遇到的就是「契約」問題，我們找出關鍵幾項創業者最該清楚掌握的契約類型，才不會一時的誤簽，導致「賠了夫人又折兵」。

到了本書的第三個章節「利」章，這時候企業經營逐漸步上軌道，但有些經營制度問題會在這時候開始浮現，如果對相關法律規範完全沒有理解，一旦問題爆發需要承擔的責任不容小覷。最後的「貞」章，是企業朝向擴張的階段，關於增資、入股、併購、營業財產讓與…等議題，如果無法掌握每個環節相對應的法律規範，豈不等於傻傻把成功的心血拱手讓人？

期望本書的價值：陪伴創業者度過種種難關

這本書是以創業過程的時間軸線來編排，因此對於有創業想法、正在創業、或是經營事業有一定經驗，對某些經營面向希望進一步釐清相關法律問題的創業者，甚至是對創業議題有興趣的法律領域研究者，這本書能針對自身需求找到對應的章節，好好善用此書。

最後我想分享的是，我很喜歡一句創業領域的經驗談：「一個人走得快；一群人走得遠」。一間公司就是一群人的集合體，我希望這本書就像扮演公司內部的法務角色，陪伴眾多老闆們走在創業的道路上「超前部署」。未來面對創業過程的法律問題，不再感到焦慮，而是一次又一次順利度過難關。

周念暉

推薦序 1

　　產協是一個橫跨亞洲及美洲的跨國企業，且歷年以來均是《天下》雜誌評選前 600 大之企業，經常都有各種千頭萬緒的法律問題需要解決，在周念暉律師擔任產協集團專屬的法律顧問期間，他總是能夠適時提供明確、專業且有效的法律策略及佈局建議，對於公司營運及管理上給予極大的幫助，也讓企業老闆們能夠「提早準備，超前部署」，達成「風險極小化，機會極大化！」的目標。

　　在每次會議及討論中，本人非常佩服周律師在企業營運管理及法律風險分析上，總有著超越常人及一般律師的深厚功力及理解力，加上為人幽默風趣、親切和善，時常運用輕鬆有趣卻又不失專業的方式，讓大家能夠快速理解複雜的法律問題；更重要的是，公司每次只要按照周律師提供的建議去執行策略，都能達到卓越的成效及結果，令公司相關主管職員們都敬佩不已。

　　聽聞周律師即將出版有關公司創業的法律書籍，本人當下便覺得周律師肯定是出版此類議題的「不二人選」，相信周律師憑著多年累積的法律專業與實戰經驗，加上熟稔並勤於結交、涉獵不同領域的客戶及產業特性，必定能夠給予想要創業的讀者們最直接且有效的方法，讓這本書成為創業者在企業各個發展階段時的「紙上律師」、「法務良伴」。

產協集團董事長｜郭昌沛

　　「龍涎居」是由我與經營團隊一手創立的品牌，多年來以高品質的雞湯等料理，在餐飲界奮鬥至今也算小有名氣，但也因為企業規模不斷擴大，開始面臨越來越多的法律問題需要處理，我雖然有多年餐飲及企業管理的專業及經驗，但對於公司營運的相關法律仍需專業人士的協助，因此，透過友人介紹進而認識了周念暉律師。還記得第一次碰面時，因為當時龍涎居二代店不斷擴點，自己實在分身乏術，於是便詢問周律師能否前往當時剛開幕的營業據點商談，沒想到周律師毫無架子，一口答應，這樣的開場白足已令我留下深刻印象。

　　後來，我們便在人來人往的餐廳中碰面，我當場向周律師諮詢許多法律問題，席間，周律師對於一個初次見面的朋友不僅知無不言，甚至額外提醒了我許多尚未想到的問題，真可說是毫不藏私的傾囊相授，令我跟經營團隊茅塞頓開，許多原本不知如何處理的問題，頓時通通有解，全都有了清晰的方向與步驟。

　　周律師在處理客戶企業及商業法律上的專業、經驗及親切，是「龍涎居」至今依舊委託他擔任集團法律顧問的主要原因。相信此次出版的最新作品，肯定能夠嘉惠許多企業創辦人！透過周律師的豐富實戰經驗，再搭配本書精心設計的章節規劃，（以「元」、「亨」、「利」、「貞」作為企業營運的各階段任務），以老祖宗的智慧做為全書的價值核心，必定能夠為即將創業或已經創業的老闆們，提供明確且適切的建議，讓每位創業者們都能萬事亨通！

龍涎居餐飲集團創辦人 ｜ 高煌棋

推薦序 3

　　記得認識周律師是在一個平日的晚上，地點就在我的小樽手作珈琲西門誠品店，西裝筆挺的他搭配稚氣帥俊的臉龐，加上專業的律師身份，在這三種組合交錯之下，讓我對他的第一點印象著實有些奇妙。畢竟律師帶給一般人的印象總是有些不好親近的嚴肅感，但豈料周律師竟像一位鄰家小男孩般，絲毫沒有被社會大小事磨平赤子之心的感覺。

　　之後，經過幾次交談，我的真心話是「天啊，原來他是個這麼有條理、思緒清晰分明的人，果然律師這行飯是要有二把刷子的人才能吃的……」，往往一件事我講得稀稀落落，但他就總能一下子就釐清頭緒、切中要害，甚至點出很難用一、二句話便可精準形容的重點，這可不是一般人都能辦到的。

　　後來，幾次深談後我方才知道，我們兩人早在十幾年前就已結緣，因為他在讀書期間便常來我的另一家餐廳「阿毛石鍋燉飯」用餐，順便探望並摸摸阿毛……！周律師笑著回味跟我說，這是他在準備律師國家考試的苦讀期間，少數允許自己可以稍作放鬆的娛樂。如今想起來還真的感覺蠻驕傲的，想不到我們家的品牌餐點也可以造就出一位律師，小樽、阿毛跟我都深感與有榮焉呢！

　　這是一本不可多得的工具書，周律師以他特有且條理清晰的邏輯，搭配輕鬆的文筆及口語來為讀者分析說明，指導創業中的老闆們，能夠有系統地掌握與創業有關的各項法律知識，相信大家必定會樂在其中，深獲啟發與成長，我真的迫不急待要將此書分享並介紹給朋友及讀者們。

小樽手作珈琲餐飲集團創辦人｜林文耀

推薦序 4

　　我與周念暉律師是在商學院課程中相識，周律師熱愛學習，待人真誠，在課程最初就令我印象深刻，並且在之後我們也成為了互相勉勵扶持的好朋友。

　　我曾邀請周律師到我指導的新創模式分行，為銀行客戶講解商業與資產保護等法律問題之講座，當時引起極佳的迴響，也讓我見識到周律師不僅待人平易近人，對於專業的商業等法律問題也有著深厚的專研與歷練，是一位有著扎實功力的優秀律師。

　　孔子說：「吾日三省吾身」，提醒我們必須時時審視自己的問題，同樣的，作為一個創業者也是如此，要時時察覺公司有無任何問題需要調整改善，尤其是辛苦創業的企業主們，每日可能遇到法律問題真的相當多，而在企業發展的不同階段中，隨時都可能會面臨各種法律爭議必須面對及處理。而本書正好以兼具智慧及技巧地運用企業成長各階段的歷程變化，深入淺出地介紹並說明相關法律問題及注意事項，對於創業者在發現公司法律問題後，期待找到合法的建議及解決方案，肯定會有莫大的幫助。這是一本絕對能夠幫助創業老闆們獲得公司商業營運成功的好書，慎重推薦給大家！

全國中小企業總會理事、富邦銀行協理｜**楊明哲**

推薦序 5

與周念暉律師是在一個企業管理領導人課程中認識的,從原本只是同期的同班同學,直到後來成為無話不談的知心好友,對於這樣的緣分安排,本人由衷珍惜與開心。

周律師私下與我及其他同學間的互動,不僅讓人完全感受不到律師身分可能帶來的嚴肅或距離,更多的是透過他的妙語如珠,讓整個氣氛變得更加輕鬆愉快。但每當有企業老闆向他其詢問公司相關法律問題時,他又總能瞬間變頻,快速進入「專業企業法律顧問」模式,既可耐心聆聽,更能靈活提出具體且有效的解決方案,真是一位令人既安心又放心的好律師。

周律師總是樂於分享所知、幫助他人,更曾提供包含我還有其他企業老闆許多重要且關鍵的法律意見,真是兼具專業知識及豐富實戰經驗的法律顧問。大家總說人生一定要結交的三種好朋友就是「律師、醫師、會計師」,而讀者們透過《紙上律師:創業有辦法》這本書,無疑就是讓自己能夠與專業且真誠的周念暉律師結緣,徹底落實作者出書的初衷─讓本書成為創業者必備的最佳「法律夥伴」。

露珐意醫美集團創辦人│阮丞輝

目錄

元 亨 利貞

CH2　創業之通：企業契約的權衡輕重

目錄

元亨 利 貞

CH3　創業之和：經營制度的合規策略

元亨利 貞

CH4　創業之正：事業擴張的可行策略

前言

故事是這樣開始的……

　　一群大學好友各自在職場奮鬥多年，在專業面各有專長，有
的人擅長營運管理；有人的懂技術開發，有次聚會彼此聊到夢想，
無意間開啟創業話題。沒想到幾位好友的心中，都藏一個創業夢。

　　最後，眾人決定一起集資創業，看好未來人口老化趨勢，他
們雄心壯志要開發一款創新的穿戴裝置手環。目標取代目前市面
產品，能監測更多樣的人體生理健康數據功能，期待這款商品成
為市場的「爆品」。

　　五位好友心想，既然要一起創業，勢必要先向政府申請商業
登記成立公司。至於公司要取什麼名字？他們集思廣益後，認為
公司是眾人一起努力的心血，大夥聚在一起就是要開心創業、圓
滿賺錢。於是，他們決定把公司名稱登記為「開心圓滿」。

　　也因為所有人缺乏實戰經營公司的經驗，原本是滿心期待的
一趟創業之旅。**怎麼也沒料想到，原來創業會面臨的種種問題，
幾乎與法律議題有所關聯**。身為創業者，撫養公司從無到有的過
程，該如何聰明避開法律地雷，這群好友創業之旅的血淚史就是
許多經營者的真實真縮影。

＊備註：本書故事情境純屬虛構，如有雷同純屬巧合。

CH1

創業之始
經營者的聰明佈局

元者,《周易》乾卦的卦辭,意指至大、始、首之義。若延伸放在創業的過程,則意謂事業創立之初,必須擬妥完善的經營計畫,這才是企業可大可久的基礎;再更進一步的說,從公司命名、商業登記、簽訂契約等方面,樁樁件件都是創業者必須注意的關鍵事項。

創業不只需要共識，「股東協議書」更重要！

　　創業初始最需要的就是資金，承上文所述，五位好友決定各自拿20萬新台幣，合計100萬元做為「開心圓滿」的資本額。由於多位夥伴還未離職，眾人指派無事一身輕的A君擔任公司的主導者，先由他全權管理創業初期的大小事。

　　時間過了半年多，其他夥伴遲遲未看到公司營運財報，甚至對公司營運狀況，到底是賺錢、賠錢，除了A君，大家完全一無所知。其中，個性最急的E君，非常想知道創業細節，有一天，他決定攤牌，他對A君說：「如果今天你再不提供公司這幾個月的營運資料，我就要退出，拿回我的20萬外加利息！」

　　沒想到，A君被逼急之下，對E君氣憤說：「其他人之前都有主動跟我簽『股東協議書』，只有你自己笨沒有簽，再說，你的錢早就在這幾個月花在公司各項開銷，投資本來就有賺有賠，公司到現在還沒獲利，你投入的錢……」

　　明明認識這麼多年，而且當時大家也都說好要一起創業，為什麼現在E君發現只有他不具備股東身分，而且如果要對A君提告，又沒有白紙黑字的約定，好像對自己非常不利？

股東協議書，最基本的 3 項註明

事實上，一般人創立、投資加入他人公司或事業單位，基本上就會具備股東或投資者之身分，但如果沒有簽立股東投資合約書，在法律上發生爭議，往往有舉證責任證明的問題。

所謂股東協議書，顧名思義就是規定公司與股東之間，以及股東與股東之間，彼此的權利義務關係如何處理的契約。然而，股東投資的協議書，究竟要規範哪些內容、範圍才算是比較完整呢？事實上，每項事業及每間公司狀況不太相同，雖然不能一概而論，但是我們建議有幾項相對重要的項目，是投資者、新創企業夥伴成員，一定要在相關股東投資協議書中予以明定。

有所規範的保障，方能避免日後公司正式啟動營運過程，若產生爭議的時候，雙方在法庭上各說各話，讓合作關係陷入無解的僵局。

項目 1：公司資本額

你的企業若屬於新創、共同股東集資創立的公司類型，建議在商業登記之前，必須預先規劃公司前期可能預計需要的費用開支，舉例如下：

· 公司租金
· 員工薪資
· 生產成本
· 會計師及律師等專業諮詢協助必須費用

另外，也要預估公司獲利機會的時程，以及未來獲利可能佔總營收百分比等財務數據。在做好規劃後，依照前期可能需要動用的支出項目，向股東募足所需的資金。接著將公司資本載明於股東協議書中，之後再透過會計師專業協助，向主管機關辦理公司及資本額的設立登記。

項目 2：股東投資額及所占股份比例

如果你的公司或事業體是以股東出資額，當作公司營運的基礎，加上公司內有多位出資者的時候，不論是創立公司的主要負責人，或是其他出資者，彼此之間出資的數額，以及出資數額所換算取得公司股份數及比例，都應該有清楚明確的約定，並將其簽立載明於例如股東協議書等文件，確立未來各自股東權利金額及比例之多寡。

項目 3：投資事業欲從事之項目範圍

公司營業項目的規範，除了須就計畫要營業的項目向經濟部商業司登記之外，法律上並沒有過多的限制，只要不違反法律、公序良俗，原則上均無不可。

如果你的企業若屬於創業之初階段，有多人共同投資事業，來進行開立公司營運等情形，建議主要負責人與每一位投資者，雙方就投資創立公司要從事的事業範疇，進行初步概括約定。如此一來，較能避免出資者所投入的資金，事後被挪移到其他沒有在最初商定的事業範圍，所衍生不必要之爭議。

股東協議書，造成企業空轉的原因

再回到「開心圓滿」這間企業的故事，其他三位成員因為有與 A 君簽訂股東協議書，同時他們也都具備股東身分。當時 A、B、C、D 四位大家認為都出一樣的錢，所以股份持有比例同樣都是 25%。

直到 E 君事件爆發後，B、C、D 三人才意識到，身為股東但沒有好好主動理解公司營運狀況，現在大家對公司的下一步該怎麼走，都有自己的想法，每個人各持己見又互不相讓。這時候又因為股東之間的股權比例相同，導致公司決策開始出現空轉問題。

這時候 D 君心想，公司創立半年了，遲遲沒看到產品開發出來。於是，他決定要在這時候半路跳車，退出股東身分，同時想跟 A 君拿回持有股份所換算的現金。

沒想到 A 君對 D 君說：「雖然當時我們有簽股東協議書，但是，當時我們又沒有在協議書中特別註明退股的機制，你沒有權利要求我！」面臨此窘境，D 君身為股東，難道在法律層面，他完全沒有獲得權利的保障嗎？

另一方面，對於彼此股東持有股份比例相同，A 君身為主要負責人，在當初擬定股東協議書的時候，他可以怎麼做，可以避免現階段企業發展的僵局？

股東協議書除了上述公司資本額、股東投資額及所占股份比例、投資事業欲從事之項目範圍的明文規範之外。還有一項對股東及負責人都相當重要的項目，就是股東在法律上享有的權利。

股東在法律上享有的各項權利

根據中華民國《公司法》中，對於股東享有的權利，其實也有列舉相關規定內容，如果依據目前市場主要為「有限公司」、「股份有限公司」兩類主要公司型式，我們整理出實務上較常發生適用的情形。

有限公司的 9 項股東權限

- 表決權（《公司法》第 102 條第 1 項）
- 對於股東出資轉讓同意或不同意權（《公司法》第 111 條第 1 項、第 3 項）
- 選任董事同意權（《公司法》第 108 條第 1 項）
- 增資同意權（《公司法》第 106 條第 1 項）
- 盈餘分配請求權（《公司法》第 110 條第 3 項準用公司法第 232 條）
- 董事違反競業禁止歸入權（《公司法》第 108 條第 4 項、準用公司法第 54 條第 3 項）
- 經理人選任解任或報酬同意權等公司重要事項都有表決權（《公司法》第 29 條第 1 項）
- 非董事的股東行使監察權（《公司法》第 109 條第 1 項準用公司法第 48 條）
- 對董事造具之表冊為承認或不承認權（《公司法》第 110 條第 1 項、第 2 項）

以「開心圓滿」的案例來討論，首先，第 7 點所提及的「表決權」能特別注意，因為有限公司特殊性在於，股東不論出資額多寡都有一表決權。但是，公司仍然可以用章程訂定，按照出資額多寡比例來分配表決權。因此，你的企業若登記為有限公司，主要創辦人或像故事裡的 A 君，若希望表決權行使的公平性及可預測性，我們建議在有限公司的章程中，依照各股東投資的比例，來分配表決權，會較為適當。

如此一來，A 君當時就應該在股權的比例上，應該取得絕大多數。不僅可以在企業決策過程，保障自己在表決權比例上可以掌握多數的優勢。也能避免，萬一其他股東聯合起來，他們的股權比例高過自己的時候，可能導致公司的決策方向一夕之間豬羊變色。甚至如果是家族企業，也能避免因外部投資人的股權分配不均，造成整間公司拱手讓人的可能性。

至於第 8 點的監察權，簡單來說就是非董事股東成員，仍可以隨時向公司質詢公司業務情形，查閱財產文件、帳簿與表冊。例如本故事的 E 君，不論他當時有沒有簽定股東協議書，只要他是出資人，他都有權利要求查看公司的經營狀況。

甚至若是繼續六個月以上持有公司資本達百分之一以上出資額的股東，還可以聲請法院選派檢查人，於必要範圍內檢查公司帳目及財產狀況，這部分的法條出自《公司法》第 110 條第 3 項、準用公司法第 245 條第 1 項。

另外，特別說明第 9 點，有限公司每屆會計年度終了，董事應造具各項表冊每屆會計年度終了，董事應依第《公司法》第 228 條規定（營業報告書、財務報表、盈餘分派或虧損撥補之議案），造具各項表冊，分送各股東，請其承認；其承認應經股東表決權過半數之同意。前項表冊，至遲應於每會計年度終了後六個月內分送。各股東若對於表冊有疑問或意見，

應於分送後一個月內提出異議，否則分送後超過一個月未提出異議者，視
為承認。

股份有限公司的 12 項股東權限

· 依照持有股份數比例，出席股東會，提出表決議案，以及於股東會
  中行使表決等權利（《公司法》第 172 條、第 172 之一第 1 項、第
  174 條、第 179 條）自行或請求
· 公司召集股東會權（《公司法》第 173 條、第 173 之一）
· 股票發給請求權（《公司法》第 161 條之 1）
· 股份轉讓及請求公司將股票所有人過戶之權利（《公司法》第 163
  條、第 165 條）
· 查閱公司章程、股東會議事錄、財務報表及董事會所造具之各項表
  冊與監察人報告書之權利（公司法第 210 條、第 229 條）
· 公司股息紅利分派請求權（《公司法》第 232 條第 1 項、第 240 條
  第 1 項、第 241 條第 1 項）
· 認購新股請求權（《公司法》第 267 條第 3 項）
· 請求董事會停止違法行為（《公司法》第 194 條）
· 起訴請求解任董事權（《公司法》第 200 條）
· 起訴請求撤銷股東會決議權（《公司法》第 198 條）
· 聲請法院選派檢查人檢查公司業務帳目財產情形（《公司法》第
  245 條第 1 項）
· 請求監察人、董事會或自行代表公司進行訴訟權（《公司法》第

214 條第 1 項及第 2 項、第 227 條準用第 214 條第 1 項及第 2 項）

值得一提的是，如果你的企業屬於股份有限公司，其他股東要進行聲請公司重整、聲請公司清算、聲請剩餘財產分配等權利，適用的情形較為特殊，因礙於篇幅，故未特別詳述。

再回到「開心圓滿」的案例，D 君遭遇的情況，也是許多新創企業股東可能遭遇的問題，想要退出股東身分，但礙於當時在股東協議書沒有特別註明退場機制。所以針對投資者而言，在參與投資項目過程，應該在股東協議書中，特別註明的就是股東特別約定之權利或義務。

股東特別約定的 3 項權利、義務

《公司法》有特別規定的權利，為法律所賦予股東之權利，原則上除非另有法律規定，否則公司是不能夠以契約或其他約定方式來限制。但是，在法律所未規定之部分，只要未違反《公司法》相關規定與精神，原則上仍允許公司與股東之間另行約定，此部分就是可以在股東協議書中，特別註明的部分。

針對股東的權利、義務，一般常見股東協議書會特別約定項目主要常見有以下幾項：

1. 股東同時兼任公司職務

有些屬於微型創業的新創公司，股東時常會身兼公司職務的情形，例如某股東是投資者，但因為具備管理專長，公司成立後他也會擔任經理人

職務。若這類型的股東，他同時領有薪資報酬，也可以一併在相關協議書中約定清楚。

另外，如果企業組織是「股份有限公司」制度，也可能由主要股東來擔任公司董事。若公司與股東之間有共識，也可在相關協議書文件中一併規定。

2. 公司盈餘計算、分配方式及基準

不論創立公司或投資公司，目的無非就是希望能夠獲利。但實務上也常看到有些公司績效表現不錯，但始終沒有把獲取的利潤分配給股東之情形。因此在最初創業時期，公司與原始股東之間建議形成共識後，也可明確約定在規範的基期，例如創業一年後，每半年召開股東會，決定是否分配股東盈餘紅利。

並且將相關約定，明文紀載於股東協議書等契約之中，如此一來，就可避免未來是否分配公司獲利，以及何時該發放紅利等，避免企業決策長時間陷於不確定的狀態。

3. 股東轉換或退場機制

股東在共同創業初期，通常都是彼此有相當高度的信任及共識。然而，隨著公司營運變化，也可能發生股東之間理念不合，甚至發生內鬥的情形，進而影響公司正常營運。或是類似「開心圓滿」這間公司的案例，其中一位股東想要中途退出，但卻因為當初沒有規範退場機制，導致企業處於空轉狀態。

針對企業負責人或是主要股東，若希望避免這類傷害公司營運狀況發

生，建議可以在股東協議書內容，明確約定公司負責人與股東之間，可以透過甚麼樣的條件、價格作為交易、交換。進而讓公司或其他股東，得以買回、取得其股份，來圓滿解決公司內部鬥爭激化的情事。

本節重點摘要

1. 創業初期不論是身為企業主要負責人，或是投資者，彼此之間一定要簽訂股東協議書。
2. 股東協議書內容建議明定的項目：公司資本額、股東投資額及所占股份比例、投資事業所欲從事之項目範圍、股東在法律上享有的權利、股東特別約定之權利或義務。
3. 本節提及《公司法》相關法條細節可參考全國法規資料庫網站，網　　址：https://law.moj.gov.tw/LawClass/LawAll.aspx?pcode=J0080001 或手機直接掃描以下 QR-Code 條碼，跳轉到全國法規資料庫《公司法》網頁

有限 VS. 股份有限，對營運有何影響？

「開心圓滿」的這群創業夥伴，終於釐清股東的權利義務、以及進退場機制達成共識後，D君這時心生一計，既然要退股又拿不回資金，那不如找個外部的新股東來入股，把自己的股份轉讓給他。

然而，這時候，D君的提議沒想到遭遇其他股東的反對，認為他隨便找陌生人加入成為股東，對公司未來營運不曉得是否造成風險。更慘的是，這時候 A 君跳出來說：「當時我覺得我們這夥人感情這麼要好，創業絕對能長長久久，所以就把『開心圓滿』登記為『有限公司』，在有限公司制度之下，你必須獲得過半的股東同意，才能讓你把股東移轉其他人。」

究竟，上述 A 君描述的情況，在法律方面，真的有這項規定嗎？

以及，企業成立時要選擇甚麼樣的類型組織，對公司發展較有利？

合資創業的 5 種事業體類型

創立一項新的事業，創辦人集合夥人除了決定要從事哪一類的業務類型（例如餐飲、貿易、服務等）之外，最常被忽略的另一個問題，就是新創立的事業，要選擇甚麼樣的類型組織？以及甚麼樣的類型組織，比較適合自己與夥伴之間的合作狀況？

在我國現行《公司法》的規範制度之下，公司成立的類型組織有幾種方式：

· 獨資
· 合夥
· 無限公司
· 有限公司
· 股份有限公司
· 兩合公司

獨資，顧名思義，就是指自然人個人以自己為主體，從事經濟商業活動，一人單獨出資及經營，獨自享有承擔營業全部的利潤及虧損，等於公司經營盈虧全部都由自己承受。不過獨資形式往往受限資本無法快速擴張，所以事業體的發展屬於穩紮穩打，較難短時間達到規模化快速成長。

合夥，在《民法》對合夥的定義是，二人以上互約出資以經營共同事業之契約，且合夥出資之財產，為合夥人全體公同共有。合夥財產不足清償合夥的債務時，各合夥人對於不足之額，連帶負清償責任，且合夥的事務，原則上由合夥人全體共同執行之。

對於一起合夥創業的人，上面合夥的規範有一句重點：「合夥財產不足清償合夥的債務時，各合夥人對於不足之額，連帶負清償責任。」

這句話簡單來說，就是公司如果未來破產的話，債務必須由是所有合夥人都要共同負擔。對此，中華民國 104 年另外頒訂《有限合夥法》，將合夥事業的合夥人，又區分為「普通合夥人」及「有限合夥人」兩類。

普通合夥、有限合夥,差別在哪?

簡單來說,當合夥財產不足以支付債務時,「普通合夥人」需負擔連帶清償責任;「有限合夥人」可以就出資額部分負擔「有限」責任,不必負擔連帶清償責任。另外針對公司業務執行的表決,原則上「普通合夥人」過半數同意就可以執行;「有限合夥人」則只有單純出資者角色,並不參與業務的決策執行,而是交由普通合夥人以過半數來決定。由此可知,立法單位開了一道更寬廣的合夥大門,讓有限合夥相對於普通合夥的責任權利有更多彈性,不過有限合夥人在本質上仍屬合夥關係。

不論獨資或合夥,原則上均屬於「**非法人組織**」(有限合夥例外可以向主管機關登記後,如同公司一般取得法人地位)。因為事業與成員無法分離,成員與公司本身的連結性極強,較不容易快速擴張或更替。另一方面,合夥成員原則上必須對事業債務負擔無限責任,合夥的組織類型在募資、事業擴展方面,實務案例也相對於不利。

因此,除非是個人獨資創業,僅能用獨資方式成立,否則在大原則下,我們較不建議採用合夥的事業體做為創業方式。至於「無限公司」及「兩合公司」,在我國商業實務上,幾乎沒有企業採用此種組織,所以這邊就不特別針對此兩項組織進行討論。換言之,**觀察台灣目前的創業環境,若以設立公司作為事業組織體,最大宗兩類為採取「有限公司」或「股份有限公司」模式**。

有限公司 VS. 股份有限公司

對於許多第一次創業，同時又非商業背景的創業者，成立公司的第一門功課，就是研究「有限公司」跟「股份有限公司」兩者到底有何差異。根據《公司法》第 2 條的定義，可簡單做出如下的比較。

（1）有限公司：是指由一人以上股東所組織，就其出資額為限，對公司負其責任之公司。

（2）股份有限公司：指二人以上股東或政府、法人股東一人所組織，全部資本分為股份，股東就其所認股份，對公司負其責任之公司。

從上述的定義可知道，不論是有限公司或股份有限公司，股東原則上都是透過出資來取得對公司的權利。只是，有限公司股東對公司的權利是以「出資額」為權利表彰；**股份有限公司的股東，則是透過取得公司的「股份」來彰顯對公司之權利**。換言之，「股份」只有在股份有限公司才有的概念，在有限公司的制度之下是沒有的。

除了股份有無的差異，另外在「股東權利之移轉」也有相當大的不同。有限公司的股東，必須得到其他全體股東過半數的同意，才能轉讓出資的全部或一部分。相對的，**股份有限公司的股份轉讓，不能以章程禁止或限制，也就是一般法律上所稱「股份自由轉讓原則」**。

由此可見，正因為有限公司的型態，讓出資額轉讓較不容易，所以股東較為固定，相對屬於「閉鎖型」的公司型態。股份有限公司對股份轉讓在原則上沒有限制，相對更有彈性因此屬於「開放型」公司型態。

有限公司閉鎖特性的優、缺點

回到「開心圓滿」企業的案例，D 君面臨的問題，正是這幾位股東合夥成立公司時，選擇有限公司必須承受其閉鎖性的缺點。

缺點 1：根據《公司法》第 110 條規定，原有股東要賣出資額（股份）時「**股東非得其他股東表決權過半數之同意，不得以其出資之全部或一部，轉讓於他人。**」

身為股東想要把出資額（股份）進行轉讓，不僅要經過「其他」股東的同意，甚至公司如果有規劃引進新投資人的資金進入，依據《公司法》第 113 條準用第 47 條「**公司變更章程，應得全體股東之同意**」，代表資本額的變更因為涉及公司章程修改，因此也要經過「其他」股東的同意，才能修改章程。

缺點 2：或是針對董事也有相關要求「董事非得其他股東表決權 2／3 以上之同意，不得以其出資之全部或一部，**轉讓於他人。**」

在有限公司的組織架構之下，等於公司每項重大決策，都要經過「所有」股東同意。這時，只要任何一位股東，不論他投資額大小或比例，都可以以任何理由來杯葛或反對，造成整間公司計畫遭到擱置無法推動。我們就在實務上見證許多案例，有限公司的少數股東，變相綁架多數股東之情形，嚴重影響公司營運效果及未來發展。

缺點 3：另一方面，對願意支持新創公司的投資者而言，其投資目的除了可以獲得每年各期分潤之外（當然此前提是公司當年度營運有獲利），許多投資人也期望在投資數年後，再將投資權利移轉出售已獲得更龐大的利益。

如果新創企業選擇「有限公司」型態，這時候，投資者的出資額要移

轉或變更，都需經過其他股東同意，因而大幅降低公司在募集資金的力道及誘因，對公司長遠佈局及發展，這部分要特別納入考量。

當然有限公司的制度也並非全然沒有優點。

優點 1： 因為公司沒有股東會、董事會區分的決策體制，所以在整體公司的管理上，決策角色相對單純，同時**資本結構較為簡易，對初設立的公司，營運成本及負擔也較少。**

優點 2： 股東身分不易變更轉換，對公司負責人（例如家族企業類型）與股東之間的互動關係，自然需要更高度的信任感，在決定公司營運方向的表決過程就相對更快速，企業營運可以更敏捷、有效率。

第三種折衷的制度方案

在「有限公司」、「股份有限公司」之外，難道沒有融合兩種好處的公司組織？對此，**我國《公司法》在中華民國 104 年新增「閉鎖性股份有限公司」制度。**閉鎖性股份有限公司就是適度在有限公司、股份有限公司兩者之間，提出第三種中間類型，藉此給予企業更多元的組織選擇及股權規劃的空間。

所謂「閉鎖性股份有限公司」，指的是**股東人數不超過 50 人，並於章程定有股份轉讓限制之非公開發行股票公司。**該制度設計特色如下：

· 讓公司具備股份元素
· 同時符合閉鎖性的精神及需求
· 著重在股東內部之間非開放性與高度自治

　　為了避免股東頻繁更換，對於股東轉讓股份就有所限制，股東人數也不宜過多（規定為 50 人上限），且原則上不得公開發行或募集有價證券，因此閉鎖性股份有限公司，雖然有「股份」元素，但必定為不得上市櫃（也就是無法公開發行股票）的公司。

六大公司類型組織比較表

型態 ＼ 特徵	獨資	合夥	有限合夥
法人人格	無	無	有
債務清償責任	無限清償責任	無限清償責任	**普通合夥人**無限責任，**有限合夥人**有現責任
出資人數	1 人	至少 2 人以上	1 人以上普通合夥 +1 人以上有限合夥
出資內容	現金、其他財產權	現金、其他財產權、勞務、信用、其他利益	**普通合夥人：**現金、現金以外之財產、信用、勞務或其他。**有限合夥人：**現金或其他財產權。
資本額	不限	不限	不限
資本查核	不須會計師簽證	不須會計師簽證	出資額 3000 萬以上或合夥人數達 35 以上，需會會計師查核報告書 (但出資額全部現金者除外)
業務機關	獨資個人	合夥人	普通合夥人 (原則上由過半數普通合夥人決定)
業務執行機關資格	獨資個人	合夥人	須為普通合夥人
決議方式	1 人同意	全體合夥人同意	全體合夥人同意，或依合夥契約

　　有限公司、股份有限公司、以及閉鎖性股份有限公司，這三者在制度上略有差異。為讓讀者更容易掌握不同公司組織的定義及特性，我們將獨資、合夥、有限合夥、有限公司、股份有限公司、閉鎖性股份有限公司，這六大類的制度規範、特性，製作成以下表格。目的提供創業老闆們，更快速理解各組織內容的差異，並且未來在創業之前，作為抉擇參考。

有限公司	股份有限公司（非閉鎖型）	股份有限公司（閉鎖型）
有	有	有
有限清償責任	有限清償責任	有限清償責任
1 人以上股東	至少 2 人以上或政府、法人股東 1 人	不超過 50 人
現金、其他財產出資	現金、對公司之貨幣債權、公司所需技術	現金、公司事業所需財產、技術、勞務、信用
不限	不限	不限
須會計師簽證	須會計師簽證	須會計師簽證
董事（董事 1 人以上、3 人以下）	董事會（原則人由董事 3 人以上組成）	董事會（原則人由董事 3 人以上組成）
董事須為股東	董事無須具股東資格	董事無須具股東資格
原則上視不同議案性質，依法律規定或章程之比例門檻以多數決議之		

型態＼特徵	獨資	合夥	有限合夥
登記規定	同一縣市不得重複	同一縣市不得重複	同一縣市不得重複
出資或股權轉讓	可	其他合夥人全體同意或依合夥契約約定為之	其他合夥人全體同意或依合夥契約約定為之
股東會	無	無	無
表決權	個人	合夥人全體	一人一表決權，或契約約定按出資額多寡比例分配。
監察機關	無	無	有限合夥人享有一定監察權
損益分配	損益全數由獨資個人承擔	依照合夥契約或出資比例	依照合夥契約或出資比例
獲利分派方式	獨資個人決定	依合夥契約約定，無約定者依出資比例；但無提列法定盈餘公積之必要	依合夥契約約定，無約定者依出資比例；但無提列法定盈餘公積之必要
組織變更	可變更為合夥	不可變更為獨資或公司	不可變更為獨資或公司
存續期間	個人決定	合夥人決定	得約定存續期間

由於本書敘述對象主要是以股份有限公司為主，因此以下在有關公司設立的說明上，就集中於公司法中股份有限公司設立相關規定的講解，但由於該等規定多數亦同時適用於有限公司及閉鎖性股份有限公司的設立規範，故可同時為有限公司或閉鎖性股份有限公司設立之參考。

有限公司	股份有限公司（非閉鎖型）	股份有限公司（閉鎖型）
全國不得重複	全國不得重複	全國不得重複
非董事之出資由股東過半同意，董事之出資需得全體股東同意	設立一年後得自由轉讓	一年內原始股東股權不得轉讓，後需依章程所載方式為之
出具股東同意書，無須集會	實際集會	可由視訊、書面表決而實際集會
每位股東一表決權，決議要全部股東同意，章程可定按出資比例分配表決權。	每一股一表決權，決議可由不同比例股權同意，特別股得無表決權	每一股一表決權，但可發行複數表決權及及特定事項否決權之特別股
未執行業務之股東均有監察權。	監察人 1 人以上	監察人 1 人以上
章程自定	依股東持股比例	依股東持股比例
依公司章程規定，但分派前應先提列完稅後 10% 之法定盈餘公積	依據持股比例；但分派前應先提列完稅後 10% 之法定盈餘公積	依據持股比例；但分派前應先提列完稅後 10% 之法定盈餘公積
全體股東同意可變更為股份有限公司	全體股東同意可變更為閉鎖型股份有限公司	2／3 股東同意可變更為非閉鎖型股份有限公司
永續原則	永續原則	永續原則

資料來源：作者自行設計製作

調整公司組織型態的 3 項建議

　　經過上述六大類公司類型組織的比較分析，對於首次創業的老闆，一定想知道究竟「有限公司」、「股份有限公司」及「閉鎖性股份有限公司」哪一類最適合自己？

1. 初創不考慮上市櫃，選擇閉鎖性股份有限公司

　　如果創業老闆在創立公司初期，希望特別限制或固定股東人數，並且讓公司保有一定程度的封閉性及自治力，未來也不考慮是上櫃上市打算，此情境下就可選擇閉鎖性股份有限公司。閉鎖性股份有限公司相較有限公司的法規限制比較彈性，同時可享有企業管理的自主空間，以及較能有效規劃股權結構及激勵員工。

2. 規劃引進外部投資，選擇股份有限公司

　　值得一提，公司在事業發展過程，隨著公司規模成長，其實可以在不同階段，選擇不同組織型態，例如從閉鎖性股份有限公司，再轉換為公開發行的股份有限公司。不過變更過程，需要特別注意原本公司組織型態的條件限制，例如原本企業屬於「非公開發行股票的股份有限公司」，根據《公司法》規定，就需要經過全體股東同意，才能變更為閉鎖性股份有限公司。

　　如果你的企業希望以「股份有限公司」為目標，此類型較重視運作機制，需要在組織內設有股東會、董事會、以及監察人。董監事由股東會選任並有任期限制，且依《公司法》各有權責。另外，股份有限公司的資本額為股份組成，可發行股份給予股東，且股份得自由轉讓。因此，若未來

有規劃引進外部投資人，或期望給予員工獎勵，並持續擴大事業規模，在此期望之下，「股份有限公司」將是屬於相對較適合的選擇。

3. 預計未來上市櫃，選擇股份有限公司

股份有限公司的主要特徵是「資合」，強調股東利益最大化，相關招募及擴充資金的手段、管道，較為多元，管理組織模式也較為完整。所以**公司在創立初期，就有明確計畫未來將進一步朝向上市、上櫃目標，建議一開始就可以選擇「股份有限公司」的形式進行註冊。**如此一來，不僅能透過較為多元的管道募集資金、加速公司健全發展，同時也能省去未來公司制度組織要變更時，不必要的勞力、時間等支出。

當企業如預期順利成長茁壯，同時已符合上市上櫃所設立的條件，並且公開發行成功成為上市櫃公司。在此階段，股份有限公司就必須同時接受《證券交易法》等相關法規規範。不過上市櫃股份有限公司以及《證券交易法》部分與本書主要講述範圍略有差別，礙於篇幅就不多加詳述。

總而言之，創業者在公司剛成立在選擇組織形式的時候，當然要考慮自身企業創立想法、背景以及短中長程的計畫。因此應該綜合評估之後，考慮企業自身情況以及組織未來的發展目標，合理選擇、適時調整組織形式，讓企業營運、管理保持在最佳化的狀態。

──── 本節重點摘要 ────

1. 創立新事業要選擇甚麼樣的公司類型組織，必須綜合考量公司的人數、規模、資金來源、管理彈性、股份是否要轉讓等多項因素，進而選擇最佳方案。

2. 目前我國的商業公司類型組織，主要可區分六大類：獨資、合夥、有限合夥、有限公司、股份有限公司、閉鎖性股份有限公司，其中又以後面三者為多數選擇的經營形式。

3. 公司在事業發展過程，可隨規模成長在不同階段，調整公司成為不同組織型態，不過要特別考慮到法律上的規範，以及進行變更時所耗費的人力、時間成本。

4. 本節提及《有限合夥法》相關法條細節可參考全國法規資料庫網站，網址 https://law.moj.gov.tw/LawClass/LawAll.aspx?pcode=J0080051，或手機直接掃描以下 QR-Code 條碼，跳轉到全國法規資料庫《有限合夥法》網頁。

5. 本節提及「閉鎖性股份有限公司」相關法條細節可參考全國法規資料庫網站，網址 https://law.moj.gov.tw/LawClass/LawSearchContent.aspx?pcode=J0080001&kw=%e9%96%89%e9%8e%96%e6%80%a7%e8%82%a1%e4%bb%bd%e6%9c%89%e9%99%90%e5%85%ac%e5%8f%b8，或手機直接掃描以下 QR-Code 條碼，跳轉到全國法規資料庫「閉鎖性股份有限公司」網頁。

1.3

智慧財產佈局不可少，保障企業化守為攻！

　　創業過程的挑戰一波未平一波又起，「開心圓滿」好不容易處理好股東問題之後，沒想到這群好友當中的 C 君，擁有電子元件設計開發能力，等於研發智慧手環的重要機密都在他手上。沒想到這時候別家企業耳聞「開心圓滿」將開發出一款堪稱超級創新的穿戴裝置，開出驚人的條件挖角 C 君。

　　沒想到 C 君接受利誘，不僅退出創業團隊，甚至偷偷把技術提供給另一家新創企業。別家企業的手環功能不僅跟「開心圓滿」的產品使用相同技術，甚至連商標也就是品牌的 Logo 設計有七八成相似。更糟的是，A 君某一天在社群媒體上看到對方投放的廣告，內容根本是用「開心圓滿」的照片、文字說明為底本，再做稍微加工修改，滿滿的抄襲味道似乎都在向他們「致敬」。

　　這下可好，消費者開始混淆兩家品牌，蒐集到滿滿的剽竊證據後，A 君相當震怒決定要向 C 君以及別家新創公司提告。

　　提告之前，A 君想說念在是舊識先給對方一個機會，與 C 君私下協商看看。沒想到 C 君口出狂言對 A 君說：「當時你又沒有去申請專利，根本沒辦法證明這項技術是「開心圓滿」所擁有的，而且現在網路的照片、文字不都是抄來抄去，你根本告不成啦！」難道，創業遇到產品、文案抄襲，只能摸摸鼻子認了嗎？

3 項智慧財產權，觀念不可少

　　創立、經營一項事業，本質就是在經營企業的品牌，以及企業所擁有的特殊商品設計或技術服務。對於企業所擁有的這些源於智慧創造，並具有商業價值的成果，法律上基本上就會以「智慧財產權」（Intellectual Property Rights, IPR）來稱呼，或稱為「智慧財產」（Intellectual Property, IP）。而智慧財產一般保護的種類範圍，通常包括：

- ‧專利
- ‧商標
- ‧著作權

　　另外也有企業避免重要商業機密由原本員工掌握後，洩露給外面的競業廠商，特別透過「營業秘密保護」來要求。在我國法律的制度下，分別有《專利法》、《商標法》、《著作權法》、以及《營業秘密法》等相關法律規範。

　　觀察國際一流企業例如蘋果、亞馬遜，每隔一段時間會持續推出創新的產品、技術及服務等。因此可以這樣說，企業的品牌價值以及維持市場的競爭力，實際上也是來自所擁有的智慧財產權。換言之，企業的智慧財產如何做到全面的佈局及保護，無疑是企業能否永續經營的重要關鍵。

「專利權」的定義、種類

　　「開心圓滿」的案例中，C 君擁有相關專業技術的 Know-How，而相

關獨家的技術開發成產品後，卻因為沒有做專利佈局，導致原本是成員之一的 C 君帶著關鍵技術內容投桃報李。依照我國《專利法》相關規定，專利可區分為三大類型。

1. 發明專利

　　根據《專利法》第 21 條，發明專利是指利用自然法則之技術思想之創作。

　　（1）一切透過自然法則：例如能量不滅定律、熱漲冷縮、離心力、萬有引力等，以任何定型或不定型的物品或物質，來產生特定功效或目的。

　　（2）具有技術性思想之創造，可能是某種特殊之方法、製程、配方、結構。

　　舉例 1：某種能治療癌症疾病的藥，包括其藥品之組成成份、製作流程、製作後的劑型。

　　舉例 2：某種能快速檢測身體疾病徵兆的軟硬體結合技術，包括偵測機制之結構、軟體的設計、生產之流程等。

2. 新型專利

　　根據《專利法》第 104 條，新型專利是指利用自然法則之技術思想，對物品之形狀、構造或組合之創作。包括一切透過自然法則，於特定物品展現特定功效或目的，而具有技術性思想之創造。

　　舉例 1：透過特殊結構之組成，並產生一定功能之發明，像是發明某種電腦內部機體配置方式，能夠達到縮小電腦體積的方法。

3. 設計專利

　　根據《專利法》第 121 條，設計專利係指對物品之全部或部分之形狀、花紋、色彩或其結合，透過視覺訴求之創作。簡言之，設計專利保護的標的是「外觀設計」的結果，例如：杯子、檯燈、鞋子、手機、電腦等產品之外觀設計。

　　三種專利保護的對象、要件均有不同，「發明專利」及「新型專利」雖然都是保護自然法則之技術思想創作，但**發明專利所保護者限於「物」（包括物品與物質）與「方法」之發明，新型專利所保護則僅限於「物品」之發明，不及於「物質」與「方法」之發明**。另外，發明專利所要求的技術進步性較高，新型專利則較低。

　　至於「設計專利」所保護之對象，則是產品外觀設計上之創作，所著重為物品之形狀、花紋、色彩上之創新，強調者為商品之外觀給人之視覺上感受，而與技術並無直接之關係，此與發明或新型專利並不相同[1]。總結來說，不論是發明專利、新型專利或設計專利，都必須是「具備新穎性、進步性，且具有產業上利用性的技術性思想或外觀設計之創作」[2]。

專利權取得方式、保障規範

　　企業研發出新的技術，產品，當然要取得專利以獲得法律上的保護，未來如果遇到競業侵權時候，就能以此依據作為後續訴訟。這三項專利的取得及規範各有不同，讀者可以參考以下表格所述。

專利類型	審核制度	法條規範
發明專利權	**實質審查制**，必須先經過主管機關審查符合法定要件後，始賦予專利權之保護	《專利法》第 52 條規定：「申請專利之發明，**經核准審定者**，申請人應於審定書送達後三個月內，繳納證書費及第一年專利年費後，始予公告；屆期未繳費者，不予公告。申請專利之發明，自公告之日起給予發明專利權，並發證書。發明專利權期限，自申請日起算二十年屆滿。」
新型專利權	**實質審查制**，必須先經過主管機關實體審查法定要件並通過後，始賦予專利權之保護。	《專利法》有關設計專利章節之第 120 條，準用發明專利第 52 條規定專利審核規定。
設計專利權	**形式審查制**，主管機關對於申請案並不進行實體要件之實體審查，而僅於形式上要件審查通過後，及准予專利登記。	《專利法》第 111 條規定：「新型專利申請案經**形式審查**後，應作成處分書送達申請人。經形式審查不予專利者，處分書應備具理由。」

5 項專利權保障範圍

　　我國《專利法》對發明、新型及設計專利權的內容均有明文規定。整理《專利法》第 58 條第 1 項、第 2 項、第 120 條 第 1 項內容，以物品為客體之專利權人，享有排除他人未經其同意而實施該發明之權利，實施權利範圍包含

- 製造
- 為販賣之要約
- 販賣
- 使用
- 進口

不論是「製造」、「為販賣之要約」、「販賣」、「使用」及「進口」他人擁有專利權之物（品），都是個別獨立之行為，亦即只要有其中一個行為，就足以構成專利權侵害，而需負擔侵害他人專利權之法律責任[3]。

2 項侵害專利權的究責 - 民事責任

（1）排除、防止侵害請求權：專利權受到侵害之人，可以請求排除或防止侵害。《專利法》第 96 條第 1 項、第 3 項：「發明專利權人對於侵害其專利權者，得請求除去之。有侵害之虞者，得請求防止之。發明專利權人為第一項之請求時，對於侵害專利權之物或從事侵害行為之原料或器具，得請求銷毀或為其他必要之處置。」

「新型專利」及「設計專利」於《專利法》第 120 條及第 142 條，亦同樣有準用《專利法》第 96 條之規定，因此上開權利，不論是「新型專利」或「設計專利」，均同樣得為請求主張。

（2）損害賠償請求權：專利權受侵害得請求損害賠償。至於損害賠償額計算之方式，得依照《專利法》第 97 條規定所列幾種計算方式「擇一」請求賠償。

至於專利的權利行使時效，根據《專利法》第 96 條第 6 項規定，權

利人必須自請求權人知有損害及賠償義務人時起，二年間行使，或自行為時起，十年內行使，否則權利將會罹於消滅時效。

方法	條文規定
具體損害法	依《民法》第 216 條之規定請求「損害賠償，以填補債權人所受損害及所失利益為限。」
利益差額法	不能提供證據方法以證明其損害時，發明專利權人得就其實施專利權通常所可獲得之利益，減除受害後實施同一專利權所得之利益，以其差額為所受損害。也就是請求「被害人預期可得利益」扣除「被害人專利權被侵害以後剩下可得之利益」，二者間之「利益差額」為請求。
所得利益法	依侵害人因侵害行為所得之利益（扣除成本後的利益）。也就是將侵害人因侵害專利權所得全部利益為請求。
授權權利金法	依授權實施該發明專利所得收取之合理權利金為基礎計算損害。類似以合理權利金計算的方式作為求償之數額。
法院酌定法	侵害行為如屬故意，法院得因被害人之請求，依侵害情節，酌定損害額以上之賠償。但不得超過已證明損害額之 3 倍。

侵害專利權的究責 - 刑事責任

我國《專利法》先是在 1994 年，配套引入民事上懲罰性損害賠償之制度，並參考歐美、日本等國家制度，先後透過 2001 年、2003 年修法，逐步將侵害專利權之行為完全除罪化。所以在現行《專利法》下，所有侵害專利行為均僅有民事責任，不會有刑事責任問題。

「商標權」的定義、種類

「商標」，就是一般人說的「LOGO」，主要使得企業經營及其所提供之商品或服務，能夠讓消費者辨識，與其他企業的商品或服務來源是不相同的，以確保消費市場的公平性與安全性。例如蘋果電腦的 LOGO 在右方咬了一口的蘋果圖案，大眾看到這個圖案，馬上就會想到他們家電腦、手機。

為了保護商標的使用，在法律上特別有《商標法》，在第 1 條規定「為保障商標權、證明標章權、團體標章權、團體商標權及消費者利益，維護市場公平競爭，促進工商企業正常發展，特制定本法。」

在我國《商標法》的制度下，商標的定義依照《商標法》第 18 條第 1 項規定「商標，指任何具有識別性之標識，得以文字、圖形、記號、顏色、立體形狀、動態、全像圖、聲音等，或其聯合式所組成。」換言之，除了我們一般常看到的文字、圖樣之外，甚至是動態影像、聲音，甚至是影響跟聲音的結合，都可作為商標權申請註冊保護的對象。

另外，條文中所提及之「識別性」，更是個別商標受到商標權利保護與否的最重要要件。因為具有識別性，才能將企業所擁有的商標與他人商標相區隔，法律能進一步給予權利保護的空間。所謂「識別性」，依照《商標法》第 18 條第 2 項規定「指足以使商品或服務之相關消費者認識為指示商品或服務來源，並得與他人之商品或服務相區別者。」

但也不是所有條件下都能構成商標，《商標法》第 29 條第 1 項有明文規定，在下列情形商標不具有「識別性」，不得註冊。

說明	舉例
僅由描述所指定商品或服務之品質、用途、原料、產地或相關特性之說明所構成者。	例如「燒烤、串燒、火鍋」使用於餐廳，「花蓮、台東」用於稻米產品。
僅由所指定商品或服務之通用標章或名稱所構成者。	例如「大理石、花崗岩」當作建築或工程的石材。
僅由其他不具識別性之標識所構成者。	例如生活常看到的愛心、星星線條，是大眾習以為常的圖騰，除非有以此基礎再多做其他線條、顏色的加工，要不然單純愛心圖案無法構成商標的識別。又例如單純的數字、簡單的線條，也欠缺足夠的識別性。

商標權的取得方式、保障規範

　　商標權的取得，並非是創業者發想或創作出企業商標後，就直接取得商標權利。而是必須有以下情況：

　　（1）欲取得商標權、證明標章權、團體標章權或團體商標權者，應依本法申請註冊。（《商標法》第 2 條）

　　（2）標權人於經註冊指定之商品或服務，取得商標權。（《商標法》第 35 條）

　　簡單來說，**我國商標法採取的是「註冊保護主義」，商標必須向主管機關申請，並經過審查通過註冊後，才取得商標權，也才會真正受到商標權相關法律之保護。**

　　另一方面，對於申請通過取得商標註冊的結果，任何人能夠在商標註冊公告之日起三個月內，向商標審查專責機關提出異議，異議若成立，商標仍然會被撤銷註冊。這是依據《商標法》第 48 條、第 54 條所制定的「領

證後異議」制度，是我國商標權取得過程，必須特別留意地方。

4 項商標權保障範圍

　　至於商標的種類，在《商標法》中採取「商標法定原則」，指的是商標種類必須以《商標法》有規定者為限，才會受到保護。至於法定的商標種類可以分出四大類：一般商標、團體商標、證明標章、團體標章。

　　（1）**一般商標：**《商標法》第 18 條第 1 項「商標，指任何具有識別性之標識，得以文字、圖形、記號、顏色、立體形狀、動態、全像圖、聲音等，或其聯合式所組成。」

　　簡言之，特過特定標示，來表彰其商品或服務，使相關消費者得以與其他業者之商品或服務相區別。

　　（2）**團體商標：**表彰團體之成員所提供之商品或服務，由團體之成員將團體商標使用於商品或服務上，並得藉以與他人之商品或服務相區別者。再者，例如：

- ·一般團體商標：以指示商品或服務來自特定團體之會員，純粹是由團體商標權人訂定標準及監督控制的結果，與特定地域性無關。例如各類全國性各項運動推廣協會等。
- ·產地團體商標：除指商品或服務來自特定團體之會員外，且該商品或服務來自一定產地。例如各地方特殊農產品的產地團體商標。

　　（3）**證明標章：**包含「一般證明標章」及「產地證明標章」，主要目的在證明他人商品或服務之特性、品質、精密度、產地或其他事項。而

證明標章例如：ISO9002 的認證、「CNS」認證等皆是。

（4）**團體標章：**指表彰特定團體或其成員身份、會籍，並藉以與非該團體會員相區別之標識，而由團體或其會員將標章標示於相關物品或文書上。至於團體標章多半用於例如扶輪社、獅子會、BNI 等社團將相關團體商標放置於相關旗幟或用品上。

由此四大類即可看出，商標跟標章的差異性。標章的目的主要是多了某種特殊品質或來源的證明性質。例如一般證明標章保證商品或服務的品質、產地證明標章保證商品或服務出自於某地品質、團體標章保證商品或服務提供者具有某團體之會員資格等。

商標的種類

商標種類	用途
一般商標	指示出其商品、服務來源
團體商標	用來指示某樣商品、服務是源自某個團體或某產地的團體。所以團體商標又可分為「一般團體商標」、「產地團體商標」
證明標章	指示出某樣商品、服務來源，並證明具備一定品質或是標示產地來源；所以證明標章又可分為「一般證明標章」（證明具備一定品牌）、「產地證明標章」（證明產地來源）。
團體標章	用來指示團體會員，並足以證明其會員的會籍資格

4 類商標可使用的情況

各項商標種類的功能、目的或有不同，雖然都是為了彰顯企業所代表或表彰其來源、品質、技術、服務、文化等特性。就像是一個人通常有一

定為大家所認知的個性或形象，透過商標這樣具有識別性的表徵，來讓個別商標具有獨立的「個性」與「獨特性」，並得在市場上能夠與其他商標相區別。擁有該商標之權利人，並得享有「自己」或「授權他人」「使用」該商標之權利。

　　至於「商標使用」的規範，可參考《商標法》第 5 條規定「商標之使用，指為行銷之目的，而有下列情形之一，並足以使相關消費者認識其為商標：

・將商標用於商品或其包裝容器。

・持有、陳列、販賣、輸出或輸入前款之商品。

・將商標用於與提供服務有關之物品。

・將商標用於與商品或服務有關之商業文書或廣告。

　　前項各款情形，以數位影音、電子媒體、網路或其他媒介物方式為之者，亦同。」

　　總之，創業者或企業經營者，在準備投入某項產品或服務，甚至要創立某種組織時，若有衍生發想出特定表彰企業或產品之形象、圖騰或意象，並且有想要透過申請來使其具有法律上受到法律保護之特殊地位。企業經營者一定要思索、審視所持有的商標，究竟想要達到甚麼樣的目的、功能，以及主要想要在哪方面來使用它，再來決定是否申請，以及要申請商標的種類。

2 項侵害商標權的究責 - 民事責任

　　商標法上所規定之商標侵害主要區分兩種「侵害商標」、「擬制視為侵害商標」。

　　（1）「侵害商標」指一般情況下侵害法律所保護商標權之範圍，此部分依照《商標法》第 68 條第 1 項規定：「未經商標權人同意，為行銷目的而有下列情形之一，為侵害商標權：

・於同一商品或服務，使用相同於註冊商標之商標者。

・於類似之商品或服務，使用相同於註冊商標之商標，有致相關消費者混淆誤認之虞者。

・於同一或類似之商品或服務，使用近似於註冊商標之商標，有致相關消費者混淆誤認之虞者。」

　　（2）「擬制視為侵害商標」指侵害到法律特別納入擬制擴張保護商標權的範圍，主要就是指侵害使用到他人「著名商標」之情形，此部分根據《商標法》第 70 條規定：「未得商標權人同意，有下列情形之一，視為侵害商標權：

・明知為他人著名之註冊商標，而使用相同或近似之商標，有致減損該商標之識別性或信譽之虞者。

・明知為他人著名之註冊商標，而以該著名商標中之文字作為自己公司、商號、團體、網域或其他表彰營業主體之名稱，有致相關消費者混淆誤認之虞或減損該商標之識別性或信譽之虞者。

‧明知有第 68 條侵害商標權之虞，而製造、持有、陳列、販賣、輸
出或輸入尚未與商品或服務結合之標籤、吊牌、包裝容器或與服務
有關之物品。」

企業商標權受害，2 項權利救濟方法

（1）「**排除、防止侵害請求權**」：就權利受到侵害的商標權人，能
選擇的權利救濟方式，也有併行提出排除或防止侵害請求權的選項。（可
參考《商標法》第 69 條第 1 項

（2）「**損害賠償請求權**」：商標權受侵害得請求損害賠償，並得依照
《商標法》第 71 條第 1 款至第 4 款相關計算方式擇一請求賠償。我們將
損害求償方式製作成以下表格。

至於商標法被侵權時的權利行使時效，根據《商標法》第 69 條第 4
項規定，必須權利人自請求權人知有損害及賠償義務人時起，二年間行使，
或自有侵權行為時起，十年內行使，否則權利將會罹於消滅時效。

方式	說明
具體損害法	依《民法》第 216 條之規定「損害賠償，以填補債權人所受損害及所失利益為限。」請求之
利益差額法	不能提供證據方法以證明其損害時，商標權人得就其使用註冊商標通常所可獲得之利益，減除受侵害後使用同一商標所得之利益，以其差額為所受損害。也就是請求「被害人預期可得利益」扣除「被害人商標權被侵害以後剩下可得之利益」，二著間之「利益差額」為請求
所得利益法	依侵害商標權行為所得之利益（扣除成本後的利益）。也就是將侵害人因侵害商標權所得全部利益為請求
總銷售額法	侵害商標權者不能就其成本或必要費用舉證時，以銷售該項商品全部收入為所得利益。也就是直接以侵害人侵害商標權行為所取得之全部收入，作為其所得利益來請其賠償
售價倍數法	就查獲侵害商標權商品之零售單價 1,500 倍以下之金額。但所查獲商品超過 1,500 件時，以其總價定賠償金額
授權權利金法	以相當於商標權人授權他人使用所得收取之權利金數額為其損害。類似以權利金計算的方式作為求償之數額

3 項侵害商標權的究責 - 刑事責任

（1）未得「商標權人或團體商標權人」同意，為行銷目的而為使用行為：也就是侵犯商標的刑事責任，根據《商標法》第 95 條規定包含以下情況。

- ·於同一商品或服務，使用相同於註冊商標或團體商標之商標者。
- ·於類似之商品或服務，使用相同於註冊商標或團體商標之商標，有致相關消費者混淆誤認之虞者。
- ·於同一或類似之商品或服務，使用近似於註冊商標或團體商標之商

標，有致相關消費者混淆誤認之虞者。

（2）未得「證明標章權人」同意，為行銷目的而為使用之行為。（詳情可參考《商標法》第96條）

（3）明知侵害商標權產品而販售或意圖販售而持有、陳列、輸出、輸入之行為。

「著作權」的定義、種類

著作權的議題長期是企業營運者、企業員工關注焦點，因為有些工作內容必須仰賴員工腦力激盪後所產出的成品，工作過程製作的成果其著作權究竟屬於企業所有，還是員工所有？以及本書「開心圓滿」的案例，許多公司的行銷同仁、社群小編投入許多心力跟創意，好不容易製作出來的產品文案、照片，放到網路上後卻被其他競爭對手拿去做小幅修改後，變成對方的內容。遇到這些情況，究竟可以如何因應？

根據《著作權法》第3條定義指出，《著作權法》保護的是著作權人於創作後取得之權利，且我國是採取「創作保護主義」，也就是著作人只要創作完成，且符合相關著作權的法定要件，就取得著作權之保護。而「著作」之內涵，係指「屬於文學、科學、藝術或其他學術範圍之創作」，因此必須是屬於該等領域方面的創作才可以，否則若是屬於「技術性」的創作，就不是著作權法所保護的範圍，而是《專利法》等其他法律保護的領域。

至於哪些創作屬於著作權所保護的對象，《著作權法》第5條將著作權法所保護的著作分為十大類，筆者整理成表格如下。

著作權法保護的著作種類

種類	說明
語文	包括詩、詞、散文、小說、劇本、學術論述、演講及其他之語文著作。
音樂	包括曲譜、歌詞及其他之音樂著作。
戲劇、舞蹈	包括舞蹈、默劇、歌劇、話劇及其他之戲劇、舞蹈著作。
美術	包括繪畫、版畫、漫畫、連環圖（卡通）、素描、法書（書法）、字型繪畫、雕塑、美術工藝品及其他之美術著作。
攝影	包括照片、幻燈片及其他以攝影之製作方法所創作之著作。
圖形	包括地圖、圖表、科技或工程設計圖及其他之圖形著作。
視聽	包括電影、錄影、碟影、電腦螢幕上顯示之影像及其他藉機械或設備表現系列影像，不論有無附隨聲音而能附著於任何媒介物上之著作。
錄音	包括任何藉機械或設備表現系列聲音而能附著於任何媒介物上之著作；但附隨於視聽著作之聲音不屬之。
建築	包括建築設計圖、建築模型、建築物及其他之建築著作。
電腦程式	包括直接或間接使電腦產生一定結果為目的所組成指令組合之著作。

符合著作權法的 4 大要素

既然著作權是保護智慧創作的結晶，自然必須具有其創作性、原創性，一般認為我國《著作權法》下「創作」的意涵，主要包括幾個要件。

（1）必須具有獨立原創性，也就是並非抄襲他人著作，而是作者獨立創作而來。

（2）必須為人類精神上的創作，也就是必須是人透過精神思想所創作，並非單純由電腦或機器自動產生的。

（3）必須具有一定表現形式，亦即創作內容必須要對外表達，並使

他人感官所得知體會，而不能僅係存在與大腦中單純的想法或觀點。

（4）必須足以表現作者個別性，如果只是單純一般固定格式的書信或文件，不具有個別性，就不屬於著作權範圍。

著作權的取得方式、保障內容範圍

依據《著作權法》第 10 條「著作人於著作完成時享有著作權。」擁有著作權之權利人，享有使用該權利的方法及內容，就是著作權之權利範圍，**我國著作權法將其區分為「著作人格權」及「著作財產權」**[4]，製作成以表格。

類型	用意	權利
著作人格權	保護著作權人的人格利益	公開發表權：指權利人以發行、播送、上映、口述、演出、展示或其他方法向公眾公開提示著作內容。《著作權法》第 3 條第 1 項第 15 款。
		姓名表示權：著作人於著作之原件或其重製物上或於著作公開發表時，有表示其本名、別名或不具名之權利。著作人就其著作所生之衍生著作，亦有相同之權利。《著作權法》第 16 條第 1 項。
		禁止不當變更權：著作人享有禁止他人以歪曲、割裂、竄改或其他方法改變其著作之內容、形式或名目致損害其名譽之權利。《著作權法》第 17 條。
著作財產權	保護著作權人的經濟利益	著作財產權是透過法律來保護著作權人，就相關著作權所擁有的經濟等財產上利益。《著作權法》第 22 條以下，實際又可細分包括重製權、公開展示權、出租權、散布權、公開口述權、公開播送權、公開上映權、公開演出權、公開傳輸權、改作、編輯權等等。

行使著作權最須關注的 4 項要點

以下根據著作財產權比較重要的幾項權利多加說明，著作人專有「重製」和「編輯改作」自己著作之權利，並且有將其著作透過言語、文字等各種方式來「公開傳播」，甚至是營利使用之權利，所謂「專有」也就是「專屬」「獨享」的概念。

（1）**重製**：因為著作只有透過重製才能夠大量製造並銷售，進而最大化實現其財產及經濟之價值。例如透過印刷、複印、錄音、錄影、攝影、筆錄或其他方法直接、間接、永久或暫時之重複製作等方式，再以得被市場消費者以五官感知的方式或載體來取得、使用。

（2）**改作及編輯**：依照《著作權法》第 28 條「著作人專有將其著作改作成衍生著作或編輯成編輯著作之權利。」所謂「改作」就是以翻譯、編曲、改寫、拍攝影片或其他方法就原著作另為創作；「編輯」是指著對於資料為選擇及編排。著作權人原著作以及經過其改作後，衍生的著作都同樣受到獨立的著作權保護。

（3）**公開傳輸**：所謂公開傳輸，就是以有線電、無線電或其他器材之廣播系統傳送訊息之方法，藉聲音或影像，向公眾傳達著作內容。也就是著作權人享有將他的著作，透過網路或其他通訊方法，提供或傳送給公眾，讓大家可以瀏覽、觀賞或聆聽著作內容的權利。

（4）**公開實際成果**：最後，《著作權法》第 10-1 條「依本法取得之著作權，其保護僅及於該著作之表達，而不及於其所表達之意思、程序、製程、系統、操作方法、概念、原理、發現。」這也就是前面提到，著作權必須具有一定表現形式，也就是著作的成果，並且成果是能夠使得他人感官所體會了解的，不能僅僅是存在自己大腦中，尚未有具體成果或展現的單純想法或觀點。

由此可見，而若非屬於自己的著作權，卻將其為上開包括「重製」、「改作」、「公開傳輸」等行為，就可能是違法侵害他人著作權，進而衍生會有相關民事、刑事等法律責任的問題。

2 項侵害著作權的究責 - 民事責任

《著作權法》內所規定的侵害，主要可區分兩大類型「侵害著作人格權」及「侵害著作財產權或製版權」。

（1）侵害著作人格權：就著作權受到侵害之人，可以請求排除或防止侵害，也就是排除、防止侵害請求權。或是侵害著作人格權者，負損害賠償責任，就算是非財產上的損害，被害人亦能夠請求賠償相當之金額。

（2）侵害著作財產權或製版權：就著作權受到侵害之人，可以請求排除或防止侵害，以及提出損害賠償請求權。著作權被侵害時候，被害人原則上能選擇以下表格中，「其中一種」作為損害賠償方式。

至於權利行使時效，根據《著作權法》第 89 條之 1 規定，必須權利人知有損害及賠償義務人時起，二年間行使，或自有侵權行為時起，十年內行使，否則權利將會罹於消滅時效。

侵害著作權的究責 - 刑事責任

另一部分，侵害著作財產權所涉及的刑事責任，於著作權法中有諸多規定，我們將目前企業比要較容易觸犯的刑事責任類型，整理出以下表格。

另外值得一提的是，有些企業認為侵犯著作權只要罰錢就好，但事實上，根據《著作權法》第 97 條之 1 的規定：「事業以公開傳輸之方法，犯第 91 條、第 92 條及第 93 條第 4 款之罪，經法院判決有罪者，應即停止其行為；如不停止，且經主管機關邀集專家學者及相關業者認定侵害情節重大，**嚴重影響著作財產權人權益者，主管機關應限期一個月內改正，屆期不改正者，得命令停業或勒令歇業。**」

方式	說明
具體損害法	民法第 216 條之規定「損害賠償，以填補債權人所受損害及所失利益為限。」請求之。
利益差額法	被害人不能證明其損害時，得以其行使權利依通常情形可得預期之利益，減除被侵害後行使同一權利所得利益之差額，為其所受損害。也就是請求「被害人預期可得利益」扣除「被害人著作權被侵害以後剩下可得之利益」，二著間之「利益差額」為請求。
所得利益法	請求侵害人因侵害行為所得之利益（扣除成本後的利益），也就是將侵害人因侵害著作權所得全部利益為請求。
總銷售額法	侵害人不能證明其成本或必要費用時，以其侵害行為所得之全部收入，為其所得利益。也就是直接以侵害人侵害著作權之行為所取得之全部收入，作為其所得利益來請其賠償。
法院酌定法	如被害人不易證明其實際損害額，得請求法院依侵害情節，在新臺幣 1 萬元以上，100 萬元以下酌定賠償額。如損害行為屬故意且情節重大者，賠償額得增至新臺幣 500 萬元，也就是當權利人不易證明實際損害額時，也能夠直接請求法院在新台幣 1 萬元以上，100 萬元間酌定損害賠償額，如果損害行為屬故意且情節重大者，賠償額更能夠增至新臺幣 500 萬元。

　　最後，也要特別提醒企業營運者，依照《著作權法》第 101 條規定：「法人之代表人、法人或自然人之代理人、受雇人或其他從業人員，因執行業務，犯第 91 條至第 93 條、第 95 條至第 96 條之 1 之罪者，除依各該條規定處罰其行為人外，對該法人或自然人亦科各該條之罰金。」也就是說，公司若是旗下員工的相關人員，侵害他人著作權，而構成前面提及刑事責任的情形，公司的負責人也同樣會受到相關刑罰、罰金的處罰制裁，因此不可不慎。

侵害項目	說明	依據法條
著作人格權	有下列情形之一者，處二年以下有期徒刑、拘役，或科或併科新臺幣 50 萬元以下罰金：侵害第 15 條至第 17 條規定之著作人格權者	《著作權法》第 93 條第 1 項
著作之財產權	擅自以重製之方法侵害他人之著作財產權者，處三年以下有期徒刑、拘役，或科或併科新臺幣 75 萬元以下罰金。	《著作權法》第 91 條
	意圖銷售或出租而擅自以重製之方法侵害他人之著作財產權者，處六月以上，五年以下有期徒刑，得併科新臺幣 20 萬元以上，200 萬元以下罰金。	
	以重製於光碟之方法犯前項之罪者，處六月以上，五年以下有期徒刑，得併科新臺幣 50 萬元以上，500 萬元以下罰金。著作僅供個人參考或合理使用者，不構成著作權侵害。	
著作之公開傳輸權	擅自以公開口述、公開播送、公開上映、公開演出、公開傳輸、公開展示、改作、編輯、出租之方法侵害他人之著作財產權者，處三年以下有期徒刑、拘役，或科或併科新臺幣 75 萬元以下罰金。	《著作權法》第 92 條

本節重點摘要

1. 企業創立之初，各項業務（包含產品、服務）即將展開，建議企業主千萬不可忽視有關智慧財產的重要性。智慧財產範圍主要有「專利」、「商標」、「著作權」，因此在專利的申請、商標的註冊、著作內容的確認，都是可以提早佈局的面向。

2. 專利類型主要可分為「發明專利」、「新型專利」、以及「設計專利」，三種專利保護的對象、要件、審核制度均有不同。當專利受到侵害時，主要可提出民事訴訟，要求排除、防止侵害請求權；損害賠償請求權。

3. 商標受保護類型主要可分為「一般商標」、「團體商標」、「證明標章」、以及「團體標章」，如果商標侵害到他人時，必須承擔民事責任或刑事責任。

4. 著作權內容在法律上主要分為十大類型，擁有著作權的權利人，又可享有「著作人格權」及「著作財產權」，當著作權受到侵害，可以提出民事或刑事訴訟。其中刑事責任若侵害情節重大，主管機關得以命令停業或勒令歇業。

5. 本節提及《專利法》相關法條細節可參考全國法規資料庫網站，網址 https://law.moj.gov.tw/LawClass/LawAll.aspx?pcode=j0070007，或手機直接掃描以下 QR-Code 條碼，跳轉到全國法規資料庫《專利法》網頁。

6. 本節提及《商標法》相關法條細節可參考全國法規資料庫網站，網址 https://law.moj.gov.tw/LawClass/LawAll.aspx?PCode=J0070001，或手機直接掃描以下 QR-Code 條碼，跳轉到全國法規資料庫《商標法》網頁。

7. 本節提及《著作權法》相關法條細節可參考全國法規資料庫網站，網址 https://law.moj.gov.tw/LawClass/LawAll.aspx?PCode=J0070017，或手機直接掃描以下 QR-Code 條碼，跳轉到全國法規資料庫《著作權法》網頁。

---

1. 本段文字引用於《智慧財產權法》，謝銘洋，第 110 頁，2020 年 9 月，十版一刷。

2. 關於新穎性、進步性、產業上利用性等要件內涵，於認定上有諸多參考因素，且涉及當時科技及時代發展背景，礙於篇幅難以為完整說明，可參酌《智慧財產權法》，謝銘洋，第 111 頁至第 133 頁，2020 年 9 月，十版一刷。

3. 本段概念參考《智慧財產權法》，謝銘洋，第 228、229 頁，2020 年 9 月，十版一刷。

4. 本段概念參考《智慧財產權法》，謝銘洋，第 196 以下，2020 年 9 月，十版一刷。

CH2

創業之通
企業契約的權衡輕重

創業初期處理完股東權益、企業類型的選擇、以及智慧財產佈局等最基本的層面之後，創業第二階段該注意哪些事項呢？「契約」的擬定，將是影響公司後續營運順利與否的重要因素之一。因此我們在這一章將討論重心鎖定於「辦公室租賃契約」、「消費者權利契約」以及「合作廠商契約」這三大面向。讓每位創業者在擬定契約過程，特別注意相關法條的規範，在爭取自身權益過程，同時也要特別注意不要誤踩到法律地雷。

企業安身之所在，如何簽訂辦公室租約？

為了讓員工有安心工作地方，甚至有的公司要銷售產品，辦公室或店面的選址，是創業者相當頭疼地方。「開心圓滿」同樣積極找一間可以讓員工辦公的處所，同時規劃一塊辦公區域，特別改造成一個小型門市，銷售他們的智慧手環給一般消費者。

負責人Ａ君費盡苦心終於在市中心找到一個滿意的辦公地段，與房東太太簽訂好合約後，「開心圓滿」幾位創辦人跟員工歡欣鼓舞舉辦喬遷慶賀。沒想到，搬進辦公室的第二個月，發現房屋的倉庫開始漏水，Ａ君趕緊與房東太太聯繫，請求對方派人修繕。

沒想到房東太太在LINE上跟Ａ君回覆：「當時交屋沒有這些狀況，房子交給你們使用後才發生問題，而且當時租賃合契約上好像也沒有特別註明，所以這部分需要由你們自己處理喔！」

其實只要是房客不論個人或企業，或多或少會遇上這類問題，房屋設備東西損壞要求房東修繕，如果這時候房東認為使用者付費，房東是可以有權不處理嗎？如果是房客自己找專業技師來處理之後，後續可以跟房東索取修繕費用？這些問題的解答，往往隱藏於租賃契約當中。

簽訂契約須注意的 2 大原則

　　創業者於事業創立初期，通常都會需要有一個固定工作及營業的地點，例如商店、辦公室、工廠甚或是工作室等。但創業之始，資金往往必須要做最有效的利用，因此多選擇以承租的方式，來當作事業設立地點。而在簽訂租賃契約、使用租賃物、以及後續租賃契約終止，房東及房客之間可能衍生諸多糾紛或爭議，因此針對相關租賃契約內容及法律規定，企業主要負責人，必須進一步認識，才可以確保自身及企業的權益，能獲得足夠的保障。

1. 租賃契約傾向保護承租人使用房屋權利

　　就「開心圓滿」這間企業目前涉及的爭議，主要問題出在房屋租賃契約內容、房屋出租人及承租人義務所衍生的相關法律問題。基於《民法》上「私法自治、契約自主」原則，契約所約定的權利、義務內容，當事人之間有高度的自主決定空間。換言之，只要不違反法律強制規定或公序良俗，原則上法律不會過度介入。簡單來說，就是契約當事人自己講好就好，國家法律不干涉。

　　然而，針對租賃契約來說，就不見得是這麼回事。主要原因是，我國法律制度的建構立場，向來傾向認為擁有房產的人，通常多是具有經濟優勢地位的人。相反的，需要向他人承租房屋來居住或使用的人，可能也相較容易被視為社經地位較微弱勢的一方。

　　因此基於租賃契約，我國《民法》及《土地法》內容，仍有許多規定是朝向儘量保護承租人繼續承租使用房屋權利的情形。甚至內政部針對租

賃契約內容，於 106 年 1 月 1 日制定了一份行政命令「房屋租賃定型化契約應記載及不得記載事項」（中華民國 105 年 6 月 23 日內政部內授中辦地字第 1051305384 號公告，相關細節可參考本節最後的附件內容）。

　　之後我國更進一步頒訂《租賃住宅市場發展及管理條例》，即一般通稱的《租賃專法》（以下均以《租賃專法》稱之），至此，我國對房屋租賃等相關法規，進入另一個新的時期。

2. 商用房屋承租人，有權要求納入住宅租賃條款

　　創業者向屋主承租房屋，此時因為房客承租使用的目的，是為了商業辦公或店面營業，因為並非基於消費關係或居住使用，基本上就不會有「房屋租賃定型化契約應記載及不得記載事項」或「住宅租賃契約應約定及不得約定事項」之適用，此部分即**回歸私法契約自治原則，由雙方當事人自行約定之**。

　　然而，因為「房屋租賃定型化契約應記載及不得記載事項」頒訂在前，處理具有消費關係的租賃契約，其後內政部又再針對非具有消費關係的住宅使用租賃契約，頒訂「住宅租賃契約應約定及不得約定事項」，但因為在「房屋租賃定型化契約應記載及不得記載事項」或「住宅租賃契約應約定及不得約定事項」中，均有諸多對於承租房客較有保障之條款。

　　所以我們認為，**縱然創業者在承租房屋是用來當作辦公或商業使用，而非居住用途，租約內容原則是由雙方自行訂定，但是，承租人身為契約當事人的其中一方，仍有權利要求將「房屋租賃定型化契約應記載及不得記載事項」或「住宅租賃契約應約定及不得約定事項」相關條款內容納入租賃契約當中規定，以維護自身權益**。

租賃契約中，22 項「應約定」、8 項「不得約定」事項

　　根據內政部「住宅租賃契約應約定及不得約定事項」法令公布總說明中，針對「應約定」及「不得約定」這兩大方面較為重要的規定，整理出如下表格。

22 項租賃契約中應約定事項

項目	要點出處
租賃標的（包含租賃住宅標示、租賃範圍）	第一點～第三點
租賃期間（至少三十日以上）	
租金約定及支付（租金約定規範支付方式，以及承租人不得藉任何理由拖延或拒絕，出租人於租賃期間亦不得任意要 求調整租金）	
押金約定及返還（押金為承租人簽訂租賃契約同時給付出租人，出租人應於租期屆滿或租賃契約終止，承租人返還租 賃住宅時，返還押金或抵充本契約 所生債務後之賸餘押金）	第四點～第六點
租賃期間相關費用之支付（使用租賃住宅所生之相關費用例如管理費、水費、電費、網路費等）	
稅費負擔之約定	
使用租賃住宅之限制、修繕、室內裝修、出租人之義務及責任、承租人之義務及責任	第七點～第十一點
租賃住宅部分滅失、提前終止租約之約定、租賃住宅之返還及 租賃住宅所有權之讓與	第十二點～第十五點
出租人提前終止租約及承租人提前終止租約	第十六點～第十七點
遺留物之處理	第十八點
履行本契約之通知、其他約定、契約及其相關附件效力及當事 人及其基本資料	第十九點～第二十二點

8 項租賃契約中不得約定事項

項目	要點出處
不得約定廣告僅供參考	第一點
不得約定承租人不得申報租賃費用支出	第二點
不得約定承租人不得遷入戶籍	第三點
不得約定應由出租人負擔之稅賦及費用，若較出租前增加時，其增加部分由承租人負擔	第四點
不得約定免除，或限制民法上出租人故意不告知之瑕疵擔保責任	第五點
不得約定承租人須繳回契約書	第六點
不得約定本契約之通知，僅以電話方式為之	第七點
不得約定違反強制或禁止規定	第八點

租賃契約中，2 項當事人權利、義務原則

租賃契約簽訂之後，出租人即房東；承租人即房客，雙方均負擔不同的契約義務。根據「開心圓滿」遇到的情況，事實上雙方租約簽訂後，房東有交付租賃物標的物也就是房屋的義務，且針對房屋狀況，於整個租賃期間內，也負有維持房屋合於約定租賃物狀態的義務。

這部分可參照最高法院 89 年度台上字第 422 號，以及 97 年度台上字第 2307 號民事判決：「按出租人應以合於所約定使用、收益之租賃物，交付承租人，並應於租賃關係存續中保持其合於約定使用、收益之狀態，《民法》第 423 條定也有明文。

由此規定足知出租人非但應於出租後以合於所約定使用、收益之租賃物交付承租人，並且應於嗣後租賃關係存續中，保持其合於約定使用、收

益之狀態。」、「此項義務，為出租人之給付義務，且為其最主要之義務，倘有違反，應負債務不履行之責」。

1. 房東承擔交付、保持租賃物狀態

據此可知，房東有最主要的契約主給付義務，就是交付及保持租賃物狀態，若有違反此義務的情形，就構成債務不履行，出租人依法必須對承租人負擔債務不履行的損害賠償責任。

而房客承租使用期間，若發生房屋例如漏水、牆壁剝落、建物毀損等情形，應該由誰來負責並進行修繕的工作，成為實務上最常發生的爭議。這部分就跟「維持租賃物狀態」義務有關，當房屋有需要修繕情形時，房東亦須負責將房屋修繕完成的義務。

首先，依照《民法》第 429 條規定「租賃物之修繕，除契約另有訂定或另有習慣外，由出租人負擔。」由此可知，房屋若有需要修繕的情形，原則上是房東有修繕之義務。而且依照同條第 2 項規定「出租人為保存租賃物所為之必要行為，承租人不得拒絕。」當房東為了需要修繕房屋所採取的必要行為，承租人房客是不得拒絕。不過若因為房東在修繕房屋期間，造成房客對於租賃房屋全部或一部分，不能或無法居住使用的情形之下，房客仍然能請求出租人扣除或減免該期間之租金。

2. 當房東不履行義務，房客對應方式

至於當發生出租人即房東不履行其租賃房屋之修繕義務的時候，房客可依照《民法》第 430 條規定「承租人得定相當期限，催告出租人修繕，如出租人於其期限內不為修繕者，承租人得終止契約或自行修繕而請求出

租人償還其費用或於租金中扣除之。」

也就是說，**當房屋需要修繕，而房客在定相當期間內催告房東後，房東仍未盡其修繕義務時，房客可以選擇以下三種方式：**

- 終止契約。
- 自行修繕，並自租金中扣除支出之修繕費用。
- 自行修繕，並請求房東償還修繕費用。

不過若是承租房屋當作居住使用的情形，依照《租賃專法》第 8 條第 3 項規定「前項由出租人負責修繕者，如出租人未於承租人所定適當期限內修繕，承租人得自行修繕並請求出租人償還其費用或於約定之租金中扣除。」

此時，對於房東經定期催告後仍不修繕房屋，房東客只好自行修繕，並請求房東償還費用或自租金扣除的選項，而無法在主張終止租約。除非是根據《租賃專法》第 11 條第 1 項第 2 款「租賃期間發生下列情形之一，致難以繼續居住者，承租人得提前終止租賃契約，且出租人不得要求任何賠償：二、租賃住宅未合於居住使用，並有修繕之必要，經承租人定相當期限催告，而不於期限內修繕。」也就是房屋未修繕的情況，導致房屋「**未合於居住使用**」的情形下，房客才得以例外向房東請求終止租約，此部分需特別留意。

回到「開心圓滿」的案例，房東太太終於知道自己理虧，終於把漏水問題解決之後。沒想到，承租幾個月後，有一次「開心圓滿」因為現金流

調度問題，有一個月沒有準時支付租金，房東太太就威脅要與他們解除租約。

更慘的是，「開心圓滿」負責人聽到一個晴天霹靂的消息。房東太太在沒有事先告知之下，就私下把房子轉賣給別人。而新房東要把此建物收回做其他用途，於是主動通知「開心圓滿」，要求他們在一個月內搬遷離開。

不過A君負責人當時與房東太太簽訂六年的租約，認為有此合約在，新房東不能要求他們說搬就搬。沒想到，新房東回應說，之前「開心圓滿」跟前一任房東簽訂的合約內容沒有經過公正，所以自己是有權要求「開心圓滿」搬走。

究竟，「開心圓滿」是否能夠主張權利，至少找到新的辦公室之後再搬遷嗎？

承租人須如期給付租金義務

租賃契約簽訂後，承租人負有交付租金之義務，一般民間多是按月支付租金。租金數額多少，基於當事人契約自主，原則上都是由當事人自行約定為準則。此部分根據《租賃專法》第6條規定「租賃住宅之租金，由出租人與承租人約定，不適用《土地法》第97條規定。」

完成租約簽訂之後，除非租賃契約另有約定，否則在整個租賃契約期限內，有關租金數額約定，同時拘束房東及房客，出租人不得任意要求調整、調漲租金。若突然調漲，就違反「住宅租賃定型化契約應記載及不得記載事項」及「房屋租賃定型化契約應記載及不得記載事項」的第4條「出租人於租賃期間亦不得藉任何理由要求調漲租金」規定。

　　最後，房東必須交付並維持租賃物合約約定使用狀態的義務，另一方面，房客在取得承租及使用房屋權利之後，也不得隨意破壞，必須以善良管理人注意義務，保管租賃物，以待租賃關係終止後返還予出租人。若承租人若有使用保管不當，導致租賃房屋受到毀損或滅失的情形，房東可以根據《民法》第 432 條，可以要求房客負擔損害賠償責任。

終止租賃契約規範的 3 大重點

　　租賃契約簽訂後往往有時「計畫趕不上變化」，甚至新聞也常出現「惡房東」欺壓房客的情事。如果租賃契約沒有合法的終止事由，「原則上」不論房東或房客不能單方要求終止雙方租約關係。如此一來，無疑造成此不愉快的租約被迫強行繼續，在某些情況下，法律仍提供機會讓房東與房客間合法分手的可能性。

1. 契約有註明終止條款就能中途停止合約

　　首先，租賃契約是基於雙方自由意願所簽訂，租賃契約中如果有特別約定終止契約條款，當事人就能援引當作終止契約事由，來終止租約。另外，若租賃契約中有類似以下規範「一方若單方終止租約，應提前 o 月告知，並應賠償他方違約金 o 元」。這就可能會被認定此份租約是存有「任意終止權」。

2. 簽訂單方終止租約的 3 項考量事項

　　此時對於房客來說，雖然也能以賠償違約金的方式，來向房東單方終

止租約。但換個角度來看，如果是投入大量金錢、心力或裝潢費用的企業租戶，這時候房東只需要繳交違約金就可單方終止租約，對公司行號來說，無疑是長時間存在隨時被終止租約的風險。

因此，我們建議有關類似「單方任意終止租約」的條款，企業負責人必須考量以下項目。

- 簽約時，要想清楚是否決定附加此類規定
- 契約內可特別記載「應多久時間內提前通知」
- 契約要特別註明「違約金數額多寡」納入裝潢成本考量

3. 遲繳房租達 2 個月方能提前終止租約

至於「開心圓滿」的案例，提到有一個月未能準時提供租金，房東以此威脅他們提前終止契約，實際上，真的可以如此要求嗎？根據《土地法》第 100 條、《租賃專法》第 10 條第 1 項第 2 款、以及「住宅租賃契約應約定及不得約定事項」第 16 條第 1 項第 2 款等，皆有類似的規定。

也就是房客必須是遲延給付租金達「兩個月」的金額，並且經過房東制定相當的期間催告後，房客仍不支付，房東方得提前終止租約。因此，若是房客因為一個月租金未付，房東就逕行要求終止租約，此主張是違反我國現行法令規定，而且這樣的要求被認為是「無效」的終止租約行為。

房屋租賃物所有權移轉──「買賣不破租賃」3 大重點

「開心圓滿」遇到的另一個狀況，企業主簽訂房屋租賃契約也會考量

到營運相關的計畫，甚至投入成本進行房屋裝潢整理。若租賃期限還沒到，屋主就將房屋轉售給別人，變成原本租賃契約上的出租人，他已經不是房屋實際所有權人。這時候，如果新屋主不承認原本簽訂的租賃契約，要求房客在很短時間內搬遷，這時候房客該怎麼辦呢？

為了避免這類情況發生，法律上為保護房客權益，設計出一套「買賣不破租賃」制度。

1. 新屋主須承擔「買賣不破租賃」責任

所謂買賣不破租賃，根據《民法》第425條「出租人於租賃物交付後，承租人占有中，縱將其所有權讓與第三人，其租賃契約，對於受讓人仍繼續存在。」

更白話一點的意思，就是簽訂租賃契約之後，只要房客在承租期間占有使用房屋，就算房東將房屋移轉給第三人（常見情形為房屋買賣出售），該取得房屋的新屋主，仍要承受原本租賃契約中出租人的地位。

依照法律規定，直接承受他人債權債務關係，法律上稱之為「法定債之移轉」。此時租賃契約的當事人，就法定移轉變成存在於原房客及新屋主之間。簡單來說，就是租賃契約上面「出租人」的名字，從舊屋主改成新屋主，相關租賃契約的條件、權利、義務關係，都一併移轉到新屋主與房客之間。此時的「買賣」關係，沒辦法突破原有的「租賃」關係，所以才會通稱為「買賣不破租賃」。

2. 享有買賣不破租賃的 3 項必要條件

但也需要特別提醒，法律上有原則，通常也會有例外。「買賣不破租

賃」這個金鐘罩也會有例外無法適用的情形。

此部分規定在《民法》第 425 條第 2 項「前項規定，於未經公證之不動產租賃契約，其期限逾五年或未定期限者，不適用之。」也就是說，**租約規定的租期超過五年，或是未定期限的租賃契約，若沒有辦理租約公證程序，此時例外會造成「買賣」破「租賃」。**

會有這樣規定，主要是因為租約若經過公證程序，通常有較高的真實性，避免有心人士透過長期的不實租約，讓房屋無法被他人使用，甚至作為債務人避免財產遭到強制執行或追償的情形。

據此可知，租賃契約上可以適用「買賣不破租賃」原則的必要條件是：

- 未定期限經公證的租約。
- 定期租期限超過 5 年且經公證的租約。
- 定期租期未超過 5 年的租約。

3. 企業主須掌握買賣不破租賃的效力

整體而言，企業若是站在租客的立場，租約租期若超過五年或未定期限，為了避免房東在租約期間又把房屋過戶移轉第三人，加上租約未經公證，新房東依照法律規定，是可以不承認原本簽訂的租約（也就是買賣可以破租賃），甚至有權要求房客搬遷，無疑將對於承租的企業，造成巨大的時間、精神、勞力、財產的損失。

因此我們特別建議企業負責人，針對租賃契約在簽訂時如果能經過公證，更能確保「買賣不破租賃」的效力。主要是避免投入辦公室的成本付諸流水，甚至如果建物是用來做門市銷售，好不容在周邊地域培養忠誠

的消費群，突然被要求搬遷將造成「房財兩失」。事先做到房屋租賃上法律相關的佈局，更能確保企業永續健全的經營發展。

本節重點摘要

1. 即使是企業簽訂租賃契約也可參考「房屋租賃定型化契約應記載及不得記載事項」或「住宅租賃契約應約定及不得約定事項」相關條款納入契約以維護自身權益。

2. 方簽訂租約後，房東有交付租賃物標的物的義務，且針對房屋狀況，於租賃期間內也負有維持房屋合於約定租賃物狀態的義務。若遇到房屋需要修繕情形，房東亦須負責將房屋修繕完成的義務。

3. 房客必須是遲延給付租金達「兩個月」金額，且經房東制定相當期間催告後，房客仍不支付，房東才能提前終止租約，若只積欠房租一個月，房東不能單方要求終止契約。

4. 租賃期限尚未到之前，如果舊屋主將房屋轉售給別人，新房東要求搬遷，身為房客可根據《民法》要求「買賣不破租賃」權益。但要特別注意例外情況，避免因「買賣破租賃」而無法主張自己權利。

5. 本節提及《租賃住宅市場發展及管理條例》通稱為《租賃專法》相關法條細節可參考全國法規資料庫網站，網址 https://law.moj.gov.tw/Hot/AddHotLaw.ashx?PCode=D0060125，或手機直接掃描以下 QR-Code 條碼，跳轉到全國法規資料庫《租賃住宅市場發展及管理條例》網頁。

6. 本節提及《土地法》相關法條細節可參考全國法規資料庫網站，網址 https://law.moj.gov.tw/LawClass/LawAll.aspx?PCode=D0060001，或手機直接掃描以下 QR-Code 條碼，跳轉到全國法規資料庫《土地法》網頁。

附件 ・ 房屋租賃定型化契約應記載及不得記載事項

中華民國 105 年 6 月 23 日內政部內授中辦地字第 1051305384 號公告（中華民國 106 年 1 月 1 日生效）行政院消費者保護會第 47 次會議通過

壹、應記載事項
一、契約審閱期
本契約於中華民國 __ 年 __ 月 __ 日經承租人攜回審閱 __ 日（契約審閱期間至少三日）。
出租人簽章：
承租人簽章：
二、房屋租賃標的
（一）房屋標示：
    1.門牌 __ 縣（市）__ 鄉（鎮、市、區）__ 街（路）__ 段 __ 巷 __ 弄 __ 號 __ 樓（基地坐落 __ 段 __ 小段 __ 地號。）。
    2.專有部分　建號，權利範圍　，面積共計　平方公尺。
    （1）主建物面積：
    __ 層 __ 平方公尺，__ 層 __ 平方公尺，__ 層 __ 平方公尺共計 __ 平方公尺，用途 __。
    （2）附屬建物用途 __，面積 __ 平方公尺。
    3.共有部分建號 __，權利範圍 __，持分面積 __ 平方公尺。
    4.□有□無設定他項權利，若有，權利種類：　。
    5.□有□無查封登記。
（二）租賃範圍：
    1.房屋□全部□部分：第 __ 層□房間　間□第　室，面積　平方公尺（如「房屋位置格局示意圖」標註之租賃範圍）。
    2.車位：
    （1）車位種類及編號：
    地上（下）第 __ 層□平面式停車位□機械式停車位，編號第 __ 號車位 個。（如無則免填）
    （2）使用時間：

□全日□日間□夜間□其他 ___ 。

3. 租賃附屬設備：

□有□無附屬設備，若有，除另有附屬設備清單外，詳如後附房屋租賃標的現況確認書。

4. 其他：__ 。

三、租賃期間

租賃期間自民國 __ 年 __ 月 __ 日起至民國 __ 年 __ 月 __ 日止。

四、租金約定及支付

承租人每月租金為新臺幣（下同）__ 元整，每期應繳納 __ 個月租金，並於每□月□期 __ 日前支付，不得藉任何理由拖延或拒絕；出租人亦不得任意要求調整租金。

租金支付方式：□現金繳付□轉帳繳付：金融機構：__ ，戶名：__ ，帳號：__ 。□其他：__ 。

五、擔保金（押金）約定及返還

擔保金（押金）由租賃雙方約定為 __ 個月租金，金額為 ___ 元整（最高不得超過二個月房屋租金之總額）。承租人應於簽訂本契約之同時給付出租人。前項擔保金（押金），除有第十二點第三項及第十三點第四項之情形外，出租人應於租期屆滿或租賃契約終止，承租人交還房屋時返還之。

六、租賃期間相關費用之支付

租賃期間，使用房屋所生之相關費用：

（一）管理費：

　　□由出租人負擔。

　　□由承租人負擔。

　　房屋每月 __ 元整。

　　停車位每月 __ 元整。

　　租賃期間因不可歸責於雙方當事人之事由，致本費用增加者，承租人就增加部分之金額，以負擔百分之十為限；如本費用減少者，承租人負擔減少後之金額。

　　□其他：__ 。

（二）水費：

　　□由出租人負擔。

　　□由承租人負擔。

　　□其他：＿。（例如每度 ＿ 元整）
（三）電費：
　　□由出租人負擔。
　　□由承租人負擔。
　　□其他：＿。（例如每度 元整）
（四）瓦斯費：
　　□由出租人負擔。
　　□由承租人負擔。
　　□其他：＿。
　　（五）其他費用及其支付方式：＿。

七、稅費負擔之約定

本租賃契約有關稅費、代辦費，依下列約定辦理：
（一）房屋稅、地價稅由出租人負擔。
（二）銀錢收據之印花稅由出租人負擔。
（三）簽約代辦費 ＿ 元整。
　　□由出租人負擔。
　　□由承租人負擔。
　　□由租賃雙方平均負擔。
　　□其他：＿。
（四）公證費 ＿ 元整。
　　□由出租人負擔。
　　□由承租人負擔。
　　□由租賃雙方平均負擔。
　　□其他：＿。
（五）公證代辦費 元整。
　　□由出租人負擔。
　　□由承租人負擔。
　　□由租賃雙方平均負擔。
　　□其他：＿。
（六）其他稅費及其支付方式：＿。

八、使用房屋之限制

本房屋係供住宅使用。非經出租人同意,不得變更用途。

承租人同意遵守住戶規約,不得違法使用,或存放有爆炸性或易燃性物品,影響公共安全。

出租人□同意□不同意將本房屋之全部或一部分轉租、出借或以其他方式供他人使用,或將租賃權轉讓於他人。

前項出租人同意轉租者,承租人應提示出租人同意轉租之證明文件。

九、修繕及改裝

房屋或附屬設備損壞而有修繕之必要時,應由出租人負責修繕。但租賃雙方另有約定、習慣或可歸責於承租人之事由者,不在此限。

前項由出租人負責修繕者,如出租人未於承租人所定相當期限內修繕時,承租人得自行修繕並請求出租人償還其費用或於第四點約定之租金中扣除。

房屋有改裝設施之必要,承租人應經出租人同意,始得依相關法令自行裝設,但不得損害原有建築之結構安全。

前項情形承租人返還房屋時,□應負責回復原狀□現況返還□其他　　。

十、承租人之責任

承租人應以善良管理人之注意保管房屋,如違反此項義務,致房屋毀損或滅失者,應負損害賠償責任。但依約定之方法或依房屋之性質使用、收益,致房屋有毀損或滅失者,不在此限。

十一、房屋部分滅失

租賃關係存續中,因不可歸責於承租人之事由,致房屋之一部滅失者,承租人得按滅失之部分,請求減少租金。

十二、提前終止租約

本契約於期限屆滿前,租賃雙方□得□不得終止租約。

依約定得終止租約者,租賃之一方應於□一個月前□　個月前通知他方。一方未為先期通知而逕行終止租約者,應賠償他方 ＿ 個月(最高不得超過一個月)租金額之違約金。

前項承租人應賠償之違約金得由第五點之擔保金(押金)中扣抵。

租期屆滿前,依第二項終止租約者,出租人已預收之租金應返還予承租人。

十三、房屋之返還

租期屆滿或租賃契約終止時，承租人應即將房屋返還出租人並遷出戶籍或其他登記。

前項房屋之返還，應由租賃雙方共同完成屋況及設備之點交手續。租賃之一方未會同點交，經他方定相當期限催告仍不會同者，視為完成點交。

承租人未依第一項約定返還房屋時，出租人得向承租人請求未返還房屋期間之相當月租金額外，並得請求相當月租金額一倍（未足一個月者，以口租金折算）之違約金至返還為止。

前項金額及承租人未繳清之相關費用，出租人得由第五點之擔保金（押金）中扣抵。

十四、房屋所有權之讓與

出租人於房屋交付後，承租人占有中，縱將其所有權讓與第三人，本契約對於受讓人仍繼續存在。

前項情形，出租人應移交擔保金（押金）及已預收之租金與受讓人，並以書面通知承租人。

本契約如未經公證，其期限逾五年或未定期限者，不適用前二項之約定。

十五、出租人終止租約

承租人有下列情形之一者，出租人得終止租約：

（一）遲付租金之總額達二個月之金額，並經出租人定相當期限催告，承租人仍不為支付。

（二）違反第八點規定而為使用。

（三）違反第九點第三項規定而為使用。

（四）積欠管理費或其他應負擔之費用達相當二個月之租金額，經出租人定相當期限催告，承租人仍不為支付。

十六、承租人終止租約

出租人有下列情形之一者，承租人得終止租約：

（一）房屋損害而有修繕之必要時，其應由出租人負責修繕者，經承租人定相當期限催告，仍未修繕完畢。

（二）有第十一點規定之情形，減少租金無法議定，或房屋存餘部分不能達租賃之目的。

（三）房屋有危及承租人或其同居人之安全或健康之瑕疵時。

十七、通知送達及寄送

除本契約另有約定外，出租人與承租人雙方相互間之通知，以郵寄為之者，應以本契約所記載之地址為準；並得以□電子郵件□簡訊□其他方式為之（無約定通知方式者，應以郵寄為之）；如因地址變更未通知他方或因 __，致通知無法到達時（包括拒收），以他方第一次郵遞或通知之日期推定為到達日。

十八、其他約定

本契約雙方同意□辦理公證□不辦理公證。

本契約經辦理公證者，經租賃雙方□不同意；□同意公證書載明下列事項應逕受強制執行：

　　□一、承租人如於租期屆滿後不返還房屋。

　　□二、承租人未依約給付之欠繳租金、出租人代繳之管理費，或違約時應支付之金額。

　　□三、出租人如於租期屆滿或租賃契約終止時，應返還之全部或一部擔保金（押金）。

　　公證書載明金錢債務逕受強制執行時，如有保證人者，前項後段第 __ 款之效力及於保證人。

十九、契約及其相關附件效力

本契約自簽約日起生效，雙方各執一份契約正本。

本契約廣告及相關附件視為本契約之一部分。

本契約所定之權利義務對雙方之繼受人均有效力。

二十、當事人及其基本資料

本契約應記載當事人及其基本資料：

（一）承租人之姓名（名稱）、統一編號、戶籍地址、通訊地址、聯絡電話、電子郵件信箱。

（二）出租人之姓名（名稱）、統一編號、戶籍地址、通訊地址、聯絡電話、電子郵件信箱。

貳、不得記載事項

一、不得約定拋棄審閱期間。

二、不得約定廣告僅供參考。

三、不得約定承租人不得申報租賃費用支出。

四、不得約定承租人不得遷入戶籍。

五、不得約定應由出租人負擔之稅賦，若較出租前增加時，其增加部分由承租人負擔。

六、出租人故意不告知承租人房屋有瑕疵者，不得約定排除民法上瑕疵擔保責任。

七、不得約定承租人須繳回契約書。

八、不得約定違反法律上強制或禁止規定。

商品出現消費糾紛，創業者責任何在？

「開心圓滿」之所以會開始創業，就是看準大眾越來越重視健康的趨勢，而他們又掌握更前瞻的半導體晶片技術，因此除了跟市面的智慧手環一樣能偵測心律、血氧、心房顫動的生理數值之外，甚至進階功能還可以偵測體脂肪、新陳代謝率、神經老化狀態。

更神奇的是，這款手環搭載電磁波技術，以及在手環內安裝能量石震動，「開心圓滿」在產品的包裝上，號稱可以在量測過程同時透過電磁波達到降低血壓治療的效果。然而，就在產品推出幾個月後，網路上開始出現負評，消費者說這款智慧手環的數據常常起伏落差大，感覺不是很準確。

甚至因為能量石導致手環過熱問題，有的消費者買給家中長輩戴，沒想到卻造成皮膚灼傷。許多消費者紛紛要求退貨，甚至因為產品造成身體受傷，有的消費者更揚言要對「開心圓滿」提告。身為企業負責人，這時候有可能要承擔哪些法律責任呢？

消費者保護法的適用範圍

企業如果因為產品或服務的品質、內容有瑕疵，造成消費者身心受到損害，此時就會涉及《消費者保護法》（以下簡稱《消保法》）的適用爭議。同時《消保法》在許多面向，都會有加重企業經營者的責任，身為事業的主要負責人，必須對相關規定有進一步瞭解，才能及早預防或因應，以避

免損及企業的商譽和權益。

　　《消保法》訂立目的，參考本法第 1 條規定「為保護消費者權益，促進國民消費生活安全，提昇國民消費生活品質，特制定本法。」

　　由此觀察，《消保法》核心的立法宗旨在於「保護消費者權益」，透過法律明文規定，讓消費者與企業經營者之間，有關消費及所有生產之法律關係，有一個清楚且明確的標準。讓企業主及消費者都有明確的規定可以遵循，並適度解決因消費而衍生的相關糾紛。

　　不過，在決定是否適用《消保法》保障的範圍之前，首先要確定在交易行為中，確實有一方是屬於「消費者」，並且交易過程確實具備「消費關係」，才能進一步討論是否以及如何適用《消保法》。

　　《消保法》中所稱的「消費者」指的是「以消費為目的而為交易、使用商品或接受服務者。」「消費關係」則是指「消費者與企業經營者間就商品或服務所發生之法律關係」。

　　至於「企業經營者」的定義，是「以設計、生產、製造、輸入、經銷商品或提供服務為營業者」。如果消費者與企業經營者之間，因為商品或服務所生的爭議，即是《消保法》第 2 條第 1 款～第 4 款所稱的「消費爭議」，將是本法最主要規範處理的議題。

商品、服務安全性責任 3 項認定標準

　　身為設計、生產、製造商品或提供服務的企業經營者，需要負擔什麼責任呢？根據《消保法》第 7 條第 1 項規範，認為**廠商提供商品流通進入市場，或提供服務時，應該確保該商品或服務，符合當時科技或專業水準**

可合理期待之安全性。這邊的商品也有特別定義,《消保法》施行細則第4項指出,是一切得以作為交易客體的動產或不動產。

至於法條中提強調的「符合當時科技或專業水準可合理期待之安全性」,依照《消保法》施行細則第5條規定,主要有由以下三大情事來認定。

- 商品或服務之標示說明。
- 商品或服務可期待之合理使用或接受。
- 商品或服務流通進入市場或提供之時期。

雖然各家廠商的產品或服務有優劣之別,即使自家的產品或服務不是最先進,也不會被認定為不具備可合理期待。所以法律最關注的還是在於「安全性」的期待確保。此部分會依據當時科技或發展背景,評估產品或服務造成的結果,是否為一般消費者對安全性的容許值內。

舉例來說,過去有一些款式的手機、電器用品,在單次使用時間過久,通常會造成機體溫度升高的情形。但只要有提供對應的降溫系統或阻熱機制,是不會被認為不符合安全合理期待。

但是,如果在正常使用狀態之下,例如「開心圓滿」打造的全新型態智慧型手環,使用過程因產品過熱造成消費者灼傷,如此情況下,自然是欠缺一般人對於此類產品的安全性合理期待。企業的設計或製造廠商,若因為消費者使用而有財產或非財產方面的損害,都必須依照《消保法》第7條規定,負擔商品責任的損害賠償。

違反安全性責任企業須連帶賠償

另外，若企業的商品或服務，具有危害消費者生命、身體、健康、財產的可能性，《消保法》第 7 條第 2 項規定必須在產品或服務說明的明顯處，有警告標示及緊急處理危險方法。

最重要的是，一旦企業經營者違反《消保法》第 7 條第 1 項或第 2 項規定的前提之下，若商品或服務損害消費者，甚至第三人時候，企業經營者對消費者以及受損害的第三人，都應該負連帶賠償責任。因此「開心圓滿」的案例中，智慧手環過熱不僅灼傷消費者，甚至如果手環自燃引發爆炸或火勢，波即其他非購買商品的第三人時，企業經營者同樣要負擔連帶賠償責任。

廠商參與不同生產階段的 4 大類責任劃分

不過針對企業經營者負擔的責任，有時候一款商品可能是經歷好幾個生產環節而完成，例如「開心圓滿」的智慧手環來自好幾個零組件的廠商提供，從感測設備到整個產品的組裝，也可能經手好幾家不同業態的公司，包含生產、經銷、零售等。對此，《消保法》就特別針對商品或服務所參與不同階段的廠商，有不同程度的責任劃分規定。

1. 從事設計、生產、製造或提供服務者—負擔無過失責任

依照《消保法》第 7 條第 1 項及第 3 項規定，凡從事「設計、生產、製造商品或提供服務」的企業經營者，原則上，**只要產品或服務在安全性**

有所欠缺，即使企業能證明自己沒有過失，法院的判決僅能採取「減輕責任」。這部分是參考美國立法採取的「無過失責任」設計，也就是縱使企業已證明其無過失，法律責任只能減輕，以保障消費者權益。

另外，《消保法》第 7 條之 1 也規定企業經營者在主張其商品於流通進入市場，或其服務於提供時，必須符合當時科技或專業水準可合理期待的安全性者，就其主張的事實負擔舉證責任。換言之，**當產品如果造成消費者的損傷，必須由企業經營者要主動證明「產品具備合理期待安全性」的舉證責任，而非由消費者來舉證**，以貫徹《消保法》保護消費者權益的立法意旨。

綜觀來說，以上探討的「無過失責任」、「舉證責任」的法律設計，都算是對企業在法律應承擔的面向特別加重的責任。所以企業經營者在相關產品或服務的安全性，務必要審慎應對，以避免因為違反《消費者保護法》而影響品牌商譽，甚至對企業營收受到巨大的損失。

2. 從事經銷者—負擔過失責任

相對於產品設計、生產或服務提供者，對於從事經銷業務的企業，例如「大盤、中盤商」或是「零售業者」等，他們對經手的產品內容、品質，可能根本無法知悉或控制，只是單純將製造商的產品銷售給消費者。若因為產品對消費者造成傷害，也要與設計製造廠商一樣負擔無過失責任，也有失公平。

因此《消保法》第 8 條第 1 項規定「從事經銷之企業經營者，就商品或服務所生之損害，與設計、生產、製造商品或提供服務之企業經營者連帶負賠償責任。但其對於損害之防免已盡相當之注意，或縱加以相當之注

意而仍不免發生損害者，不在此限。」

　　也就是說，雖然經銷業者要與產品製造設計業者負擔連帶賠償責任，但如果經銷業者能夠證明「對於損害之防免已盡相當之注意」或「縱加以相當之注意而仍不免發生損害者」，就可以免除連帶賠償責任。

　　實際案例來說，**若銷售業者曾清楚向製造商詢問產品相關安全性問題，並進行產品實際測試，確認沒有安全疑慮，甚至定期向消費者追蹤詢問產品狀況等。**只要做到認為已有採取相當注意防免措施，甚至在採取相關必要注意防免措施下，損害結果仍無法避免發生的時候，因經銷業者已舉證其無過失，就無須負擔連帶賠償責任。

3.改裝、分裝商品或變更服務內容者─擬制擔無過失責任

　　另一種情況，則是企業經營者並非負責最原始的設計、生產、製造，而是針對現成的產品自行做改裝、分裝商品或變更服務內容，例如把原廠的果汁飲料再另外添加其他成分進行銷售；或是將原廠的電腦另外針對部分的零組件進行改裝升級。

　　此時企業經營者其對產品的掌握及控制程度已經相對提高，能造成消費者傷害的風險自然也相對增加，因此根據《消保法》第 8 條第 2 項規定，對改裝、分裝商品或變更服務內容的企業經營者，將其視為必須負擔《消保法》第 7 條的商品製造者之無過失責任。

　　因此對於單純銷售產品的業者，為避免無形中加重自己的責任，對於上游原廠或原服務提供商所提供的產品或服務，若非有必要，建議不要擅自做改裝、分裝商品或變更服務內容。否則無疑是將企業銷售的「過失責任」自動升級為「無過失責任」，對企業在營運上必須承受的風險，等同是擴大好幾倍，不可不慎。

4. 輸入商品或服務者—擬制視為無過失責任

另一種營運模式則像是引進國外電子設備的代理商；或是從國外取得特殊醫美、金融財管等技術服務的代理業者，這類廠商不是產品的製造設計或提供服務的業者，而是歸屬於將相關產品或服務引進輸入的企業經營者。

當相關產品、服務與消費者發生糾紛時，依照《消保法》第 9 條規定「輸入商品或服務之企業經營者，視為該商品之設計、生產、製造者或服務之提供者，負本法第 7 條之製造者責任。」

也就是說，法律規定輸入商品或服務的企業經營者，他們與從事產品設計製造或直接提供服務的廠商的責任相當，因此同樣要負擔《消保法》第 7 條與製造端相同的無過失責任。

2 項商品廣告的法律責任、注意事項

消費市場的資訊因為網路快速傳播，現在消費者對產品或服務的第一印象，往往來自於商品或服務的廣告或包裝。甚至現在消費者習慣撰寫評價，更多潛在購買者也會參考廣告或產品包裝所呈現的效果，直接影響是否購入的決定。

回到「開心圓滿」的案例，他們在產品包裝以及廣告文宣，宣稱這款智慧手環具備某些獨家的效果。事實上，《消保法》對企業經營者在相關商品服務的廣告、包裝，也設有相關的規定及限制，以保護消費者的權益，並維護市場交易公平秩序。

1. 企業必須要能履行廣告內容

《消保法》第 22 條明確規定「企業經營者應確保廣告內容之真實，其對消費者所負之義務不得低於廣告之內容。」、「企業經營者之商品或服務廣告內容，於契約成立後，應確實履行。這邊的「廣告」形式，《消保法施行細則》第 23 條也特別標示出是利用電視、廣播、影片、幻燈片、報紙、雜誌、傳單、海報、招牌、牌坊、電腦、電話傳真、電子視訊、電子語音或其他方法，可使多數人知悉其宣傳內容之傳播。

據此可知，一旦企業主將商品或服務的內容，放置在廣告當中進行傳播，並為了讓消費者知悉，已經足以使消費者「信賴」廣告中揭示的商品或服務之內容。因此企業主對消費者的履行義務，就不能低於廣告內容，且必須在契約成立後，確實履行廣告的內容。

所以說，廣告內容如果是刻意誇大不實，足以影響閱聽人進行錯誤判斷的情形，並具體影響消費者權益的時候，《消保法施行細則》第 24 條讓主管機關具備權力，可以通知企業經營者提出資料，證明該廣告的真實性。

2. 廣告跨大其刊登媒體也有連帶責任

另外，針對媒體經營者，若明知或可得而知廣告內容與事實不符，並收取廠商的刊登費用，進行產品廣告的刊登或報導。針對媒體業者，《消保法》第 23 條也有提及，消費者因信賴該廣告所受的損害，媒體經營者與企業經營者負連帶責任，且此部分損害賠償責任，不得預先約定限制或拋棄。

消費者知的權利、保證書載明規定

　　各種產品的內容及資訊，對消費者知的權利，實屬重要。《消保法》第 24 條、《消保法施行細則》第 25 條都有要求，企業經營者應該依《商品標示法》法令為商品或服務做標示。**即使是從國外輸入的商品或服務，也要附上中文標示及說明書，並且內容不得比原產地的標示及說明書簡略。輸入的商品或服務，在原產地附有警告標示，同樣也要以中文標示，讓消費者知悉。**並且警告標示位置，必須是消費者在交易前、使用時，均可以清楚閱讀的地方。

保證書須載名的 6 項資訊

　　另外，若企業經營者提供的商品或服務品質，是經過檢驗單位進行認證，在產品或服務上應該要出具保證書，務必遵守開立保證書的規定，才能避免好不容易與消費者成交，卻直接違反《消保法》得不償失。

　　保證書應載明的資訊包含下列項目：

- 商品或服務之名稱、種類、數量，其有製造號碼或批號者，其製造號碼或批號
- 保證之內容
- 保證期間及其起算方法
- 製造商之名稱、地址
- 由經銷商售出者，經銷商之名稱、地址
- 交易日期

　　總結來說，根據法律規定業者提供給消費者的義務程度，不得低於廣告內所揭示的商品或服務內容，甚至契約訂立後，就必須履行相關內容。因此也可以說，在《消保法》的規範之下，廣告內容也看被視為企業提供消費者商品及服務內容的一部分，因此也成為契約義務的一部分。

　　若消費者發現廣告內容不實，當然有權向企業提出損害賠償，同時對明知廣告不實的媒體播放業者，也能一併要求連帶負賠償責任。因此現階段越來越多網路廣告投放的管道之下，建議企業主須特別注意廣告使用的字詞，有些關鍵字詞特別是牽涉到療效的描述，切勿為了刺激消費而採用，或過度誇大的廣告示意圖、情境照進行包裝。如此一來，才能避免違《消保法》而遭消費者求償，或是遭主管機關裁罰損害公司的營收。

───── **本節重點摘要** ─────

1. 業者提供產品或服務最不希望與消費者發生糾紛，或造成消費者身心受到損害，為了保護消費者權益，我國設立若發生《消費者保護法》。

2. 企業提供產品或服務是否符合可合理期待的安全性，根據《消費者保護法》主要由標示說明、合理使用或接受、以及流通進入市場或提供之時期，這三項指標來認定。

3. 《消費者保護法》根據商品或服務參與不同階段的廠商，例如從事設計、生產、製造；從事經銷；改裝、分裝商品或變更服務內容；輸入商品或服務，分別有不同程度的責任規定。

4. 媒體經營者若明知或可得而知廣告內容與事實不符，仍進行產品廣告的刊登或報導，媒體必須與企業經營者負連帶責任，且此部分損害賠償責任，不得預先約定限制或拋棄。

5. 本節提及《消費者保護法》相關法條細節可參考全國法規資料庫網站，網址 https://law.moj.gov.tw/LawClass/LawAll. aspx?pcode=J0170001，或手機直接掃描以下 QR-Code 條碼，跳轉到全國法規資料庫《消費者保護法》網頁。

供應鏈上下游合作廠商違約，如何因應？

　　「開心圓滿」智慧手環灼傷消費者的事件，才剛處理完賠償問題，團隊負責人馬上想到，自己公司掌握技術 Know-How，但事實上，手環內的感測設備、震動元件都是委外由其他的上游電子零組件廠商進行生產、組裝。

　　當初就是為了急著出貨做生意，想要趕快把商品賣到市場，「開心圓滿」沒有將上游供應商的零組件進行製程稽核，也少了一道品質把關程序。因此才造成產品過熱情況，被消費者要求一筆巨額賠償。這時候負責人 A 君就想到，產品有瑕疵應該上游廠商也要負責，因此決定向電子製造商額外求償。

　　這時候，A 君僅記得當時有與供應商簽訂合作契約，但當時簽訂的是委任契約、還是承攬契約，他自己也搞不太清楚。只依稀記得，合約好像有提及，供應商當時有答應產品的良率可以達到九成，很明顯產品最後的品質並未達標。「開心圓滿」將市面的產品下架回收後，發現產品合格率僅六成，因此 A 君決定向供應商要求支付與當時合作金額相當的違約金。最後，A 君的要求真能夠如他所願嗎？

上、下游合作廠商簽訂契約目的

　　企業提供商品或服務並透過銷售給市場以獲得營收，不論是商品或服

務，大多很難仰賴單一企業完成所有流程，而是需要與上下游廠商分工合作，才能按照工序先後將產品完整提供給消費者。此時，上、下游合作廠之間，會個別簽立相關代工或工作契約，來明定包含產品期程、費用、規格、數量等事項。

1. 未來若發生爭議有跡可循

除了藉此確保商品、服務的品質以及如期交貨之外，契約也在確立合作廠商之間的遊戲規則。未來若發生爭議，也有白紙黑字的契約條款可供雙方遵循，促進紛爭有效解決的功效。儘管廠商之間大多會簽訂勞務工作或供貨契約，但是在商業實務上，仍時常發生有一方或雙方未能善盡契約義務情況，進而衍生後續的履約爭議。

2. 註明「違約金」相關規範

因此許多合作廠商的契約，都會在部分違約條款當中，特別加上「違約金」的規定，藉此強化契約條款對當事人的約束。值得注意的是，違約金這個概念在法律上，因為使用的「文字」和「範疇」的落差，將形成不同的規範，甚至法律效果相去甚遠。若是企業主或是創業者在契約審閱時未加留意，將使企業陷入巨大的財務風險而不自知。

契約中的 2 種違約金條款

法律上針對「違約金」的定義，依據《民法》第 250 條第 1 項規定「當事人得約定債務人於債務不履行時，應支付違約金。」也就是說「違約金」

是指當事人之間所約定，在債務人違反契約所應該履行的義務時候，必須支付賠償給對方的金額。

由此可知，**需要支付違約金的前提，一定是契約上債務人有違反契約應履行的義務，而且對於這樣違反義務的情形，當事人有特別約定需要支付違約金，才會有發生適用違約金條款的問題**。

因此根據「開心圓滿」的案例，如果當時負責人與電子廠商如果在契約上有明確訂出產品良率的數字，而最後產品卻沒有達到應有的合格數字，這就構成其中的「**違反契約應履行的義務**」。但是，只構成其一要素還不夠，如果當時契約中沒有載明「**特別約定需要支付違約金**」，這時候負責人就無法在發生爭議後要求合作廠商支付違約金。

至於違約金有分為兩種類型，根據《民法》第 250 條第 2 項規定，區分為「**賠償額預定性違約金**」與「**懲罰性違約金**」。

1. 賠償額預定性違約金

「賠償額預定性違約金」依照條文規定是「違約金，除當事人另有訂定外，視為因不履行而生損害之賠償總額。其約定如債務人不於適當時期或不依適當方法履行債務時，即須支付違約金者，債權人除得請求履行債務外，違約金視為因不於適當時期或不依適當方法履行債務所生損害之賠償總額。」

看完上述條文內容可以發現相當繞口，對大多數非法律背景的經營者，想必是不容易理解。所以這部分可另外參考「最高法院 107 年度台上字第 1696 號判決參照」有更具體的說明：「按當事人所約定之違約金，如屬損害賠償預定性質者，該違約金即係作為債務人於債務不履行時之損

害賠償預定或推定之總額，其目的旨在填補債權人因其債權未依契約本旨實現所受之損害。」

簡單來說，賠償額預定性違約金，就是指當事人特別約定的違約金，並且這項違約金是直接推定作為債務人，債務不履行時，所應負擔損害賠償額的總額。

這項規範的實際效果在於，如果原本依照法律規定，債務人債務不履行可依照《民法》等相關規定，需要負擔債務不履行損害賠償。但是，如果契約中若直接明定有「賠償額預定性違約金」的約定，如此一來這項原本制定的「總額」就成為賠償額的「上限」。也就是說，當事人間有此類違約金約定，「違約金數額」就直接推定為「損害賠償總額」，債權人只請求債務人履行原債務及支付違約金，「不能」再「額外」請求債務人給付其他因債務不履行而生的損害賠償（這部分參考於最高法院 102 年度台上字第 889 號判決參照）。

2. 懲罰性違約金

至於懲罰性違約金，既然稱為「懲罰性」也就是對未履行義務之債務人的賠償責任，自然是更為加重。參考最高法院 106 年度台上字第 446 號判決參照，針對懲罰性違約金的說明，是以強制債務履行為目的，確保債權效力所定的強制懲罰。等於是合作廠商債務不履行時，債權人也就是受害的企業除了能請求支付違約金之「外」，還能另外請求履行債務或選擇不履行所造成的損害賠償。

因此，若當事人當時在契約有註明約定「懲罰性違約金」，債權人除了能夠依照《民法》或契約請求債務人負擔損害賠償責任外，還能夠「額

外」要求債務人支付懲罰性違約金。此時債務人的賠償責任，就包含「債務不履行損害賠償責任」＋「懲罰性違約金」兩個部分。

因此如果你的企業與其他供應鏈廠商簽定相關違約金條款時，若發現自己是屬於被加諸懲罰性違約金條款的一方。強烈建議企業負責人或創辦者在雙方協談時，要求將此條款刪除或修改，較能避免企業後續須承受巨大財務及賠償風險。

企業判斷違約金種類的方式

創業者一定想知道，與合作廠商簽訂的契約，如何辨別自己應該負責的是「賠償額預定性違約金」還是「懲罰性違約金」。此部分參考《民法》第 250 條及最高法院 105 年度台上字第 540 號判決參照內容之後，總結來說，最簡單的判斷標準即是只要契約條款中沒有明文規定為「懲罰性違約金」的意思，基本上就認定相關違約金條款是屬於「損害賠償總額預定性質」違約金。

換言之，企業主在簽訂或審閱相關違約金條款，只要契約沒有使用「懲罰性」或「懲罰」的相關文字來規定相關違約金，原則上就不會被認定為是「懲罰性違約金」，而只能解釋為「賠償額預定性違約金」。因此，建議企業主在與供應商簽訂合約時，若看到「懲罰性違約金」等文字，務必就要提高警覺，因為此舉將造成企業賠償責任大幅提高。相反地，若應用於規範對方違約的效果，對我方自然就相較有利。

回到「開心圓滿」智慧手環案例，負責人與廠商之間如果當時有明定違約金的約定，而沒有特別載明是「懲罰性」違約金，因此依照我國法律規定，基本上就只能認定為「賠償額預定性違約金」。因為當時契約紀錄

的金額，就會變成「開心圓滿」公司向廠商請求債務不履行賠償金額的最高上限。

　　換言之，對「開心圓滿」負責人而言，因為上游廠商的疏失造成公司損害，本來可以具體求償，也就是造成多少損害（例如從零售通路下架的通路費、原本應獲得的利潤等等）都可請求賠償，卻可能因為「賠償額預定性違約金」約定，造成求償上限的封鎖性效應，成為後續求償隱藏的限制。

　　因此，建議公司在與廠商簽訂相關違約條款時，仍要完整評估公司未來可能的機會與風險，甚至先詢問過專業人士的意見後，再決定要採取何種違約金的規範，以及違約金計算的方式等，才能更完整保障企業自身的權益。

違約金 VS. 履約保證金

　　另外一部分是創業者容易與違約金概念混淆的，是工程契約中常見的「履約保證金」。履約保證金指的是，在契約履行之前由債務人先行交付的金錢擔保，性質上為「要物契約」，也就是確實有交付定金或履約保證金之後，該履約保證契約才會生效。

　　履約保證金的作用，主旨在向債權人（自己企業）擔保其債權能快速實現，要求債務人（供應廠商）預先支付一定金額，以備將來債務人若發生債務不履行的損害賠償時，債權人得從中扣除或由債權人全數抵充之。因此履約保證金屬於要物契約；違約金則屬於「不要物契約」，也可稱為「諾成契約」，雙方意思約定合致，契約就生效。

正因為二者的性質不同，建議一般企業主在簽訂相關契約之前，仍要確定交付金額的目的。究竟在確保契約的成立或履行（此時是屬於訂金或履約保證金性質），或是在未來債務人不履約時，該金額可直接作為賠償數額的依據（此時是屬於違約金性質），來決定究竟要採取哪一種形式，作為雙方契約條款的內容。

企業與合作廠商的 2 大契約類型

企業為完成相關產品或服務，往往會採取多項方法或生產途徑，有的是自行設計產品，再將產品交由其他廠商代工；有的是接單製造其他廠商所授權設計的產品；當然也有設計、生產等流程全數交由其他合作廠商處理的形式；又或是將產品生產流程細分數段，再分別交由不同廠商依序完成。

因此不論採取何種方式，企業所提供的產品或服務，許多時候在某個程度是需要「假他人之手」，才能將產品完工到足以進入市場的最終型態。

對此，企業與合作廠商的合作模式，不論是代工、改裝或分工，必然會對委託他人或受他人委託工作內容，而需要簽定相關契約。此類受其他企業所託進而「提供勞務工作」的契約，稱之為「勞務契約」。彼此有合作關係的廠商，根據《民法》第 482 條～第 489 條，在法律上就會產生「承攬契約」或「委任契約」兩種情形[1]。

但也有另一種形式，是單純向其他廠商購買已完成的成品，並非要求對方提供特定勞務工作，這類交易模式是著重在價金與貨品權利的交付移轉。此時的法律關係就只是單純「銀貨兩訖」的「買賣契約」關係，就像是一般人去商店購買產品，店員提供服務將產品交到你手上，這邊法律關

係重視的不是店員的勞務,而是消費者以金錢取得商品的權利。

所以這類型交易,根據《民法》第 345 條規定「稱買賣者,謂當事人約定一方移轉財產權於他方,他方支付價金之契約。」屬於基本買賣契約關係,而非勞務契約類型。

1. 承攬契約

依照《民法》第 490 條規定「稱承攬者,謂當事人約定,一方為他方完成一定之工作,他方俟工作完成,給付報酬之契約。」由條文之規定可知,**承攬契約有一個最重要的特性及要素,就是受承攬工作的人(也就是受託任務,提供勞務的義務人),要負責的最主要義務,重點在於「完成一定的工作」**,也就是原則上必須要完成工作後,才能夠請求支付相對應的報酬。

所謂工作之完成,這邊強調的是透過勞務達成具體約定的「工作成(結)果」。這類工作結果可是分成「有形的結果」,例如房屋建設、裝潢、修繕;車子製造、修繕;電腦設備組裝、修繕、維護等。另外,也可以是「無形的結果」,例如完成廣告設計、歌曲製作、戲劇演出等等。而且《民法》第 492 條規定,該工作物完成的成果,必須具備約定品質,不能夠有價值的減少或滅失,也不能夠有不適於通常或約定使用的瑕疵。

另外,**承攬契約中,最主要是著重在工作的完成,所以定作人(也就是勞務工作完成所提供的對象,通常一般實務上稱為「業主」)最重視的是工作成果。因此,除非契約上另有約定,否則一般承攬契約上,是可以接受將工作再轉交、外包給他人完成。**

例如營造廠商執行房屋建案,在設計師完成房屋設計後,營造商會再

委託水電、消防、機電、木工等小包商，完成後續流程，最後再由營建業者將房屋成果提供給開發商企業。這邊舉的案例，就是所謂的「次承攬」，除非當事人契約有特別約定，不然基本上是可以將工作任務再轉交的。

2. 委任契約

委任契約依照《民法》第 528 條規定「稱委任者，謂當事人約定，一方委託他方處理事務，他方允為處理之契約。」由此可知，**相對於承攬契約著重在「工作之結果」，委任契約則是強調受委任人有關「處理事務」的勞務提供。**

所謂處理事務，包含範圍甚廣，不論是法律行為或事實行為均可屬於。且委任契約的委任目的，受委任人處理委任事務時，並非基於從屬關係。受委任人提供勞務，僅為手段，除非當事人另有約定，要不然一般狀況是能夠在委任人授權的範圍內，受委任人自行裁量決定處理事務的方法，來完成委任目的。簡單的案例，像是委任律師處理訴訟事宜、委任房屋仲介代為銷售房屋、委任代書完成不動產過戶登記事宜等，這類就是屬於委任契約。

承攬契約 VS. 委任契約的 2 項共通點

法律上，承攬契約與委任契約皆屬於勞務契約，不過委任契約更著重在「為他人處理事務」。但在實際適用及判斷上，仍會有些許模糊地帶，因此我們以下針對承攬契約、委任契約進行異同的比較，進而讓創業老闆，更容易判斷究竟與合作廠商間所簽訂的契約，是屬與哪一類勞務契約。

1. 勞務提供者在工作執行方面均享有高度自主性，與定作人或委託人之間，原則上不具有上下從屬關係。

　　不論是承攬契約或委任契約，是著重勞務提供者的履行事務處理或工作完成，均強調勞務提供者自身所具備的專業度或技術能力。因此，兩者在勞務契約的執行上，皆享有相當高的自主性，且通常都是獨立受託來完成工作或處理事務與定作人或委託人間，原則上沒有上下從屬關係。

2. 勞務提供者皆須自行承擔相關勞務提供的成本與風險。

　　正因為委任及承攬契約都具有高度自主，與委託人或訂做人（即一般通稱業主），不具備經濟從屬，因此執行者多半是獨立的經濟個體。（前者如建築師、室內設計師；後者如律師、土地代書、房屋仲介等）在履行整個勞務契約，要自行承擔較高風險，如果有相關成本變化，例如建材成本上漲、人事費用調幅等，除非契約另有約定，否則受任人或承攬人原則上，往往多是自行吸收承擔。

承攬契約 VS. 委任契約的 6 項差異點

1. 勞務提供者的可替代性

　　承攬契約，因為強調的是最終工作物的完成，因此對工作是由誰來完成並不特別重視，原則上不會要求承攬人親自行完成工作物，也可透過轉交、分包方式來完成工作。

　　至於委任契約是「委託他人」處理事務，強調受任人在處理過程中，業主對其人格特性的高度信賴關係，因此原則上委任事務應由受任人「親

自」處理，不得任意將委任事務轉交由第三人處理，等於是禁止複委任。

2. 勞務提供著重的內容不同

在承攬契約中會約定處理一定之事務，而提供勞務的時間、地點、方法，由受任人來判斷決定。承攬人對該事務須「完成一定之工作」，代表有約定一個承攬人，必須完成「工作成果」，例如建築或室內設計工程契約，必須要有一個建築物或室內工程完工的結果。

委任契約則是以一定「事務」界定應提供的勞務範圍，而提供勞務時間、地點、方法，同樣是由受任人來判斷決定，但是跟承攬契約不同，委任契約不要求受任人就其勞務提供，須有一定之成果。例如當事人委任律師處理訴訟案件，律師係基於專業判斷，在受任該任務中盡力處理，但不保證提供勝訴結果。

3. 承攬契約必定有報酬，委任契約可以是有償或無償

依照我國《民法》現行規定，承攬契約必定是有報酬的，只是需要工作物完成才得請求。相反的，委任契約就沒有限定必須要有報酬，即使是沒有報酬的委任契約，也是可以的。

不過委任契約的報酬，並不需要事務處理完畢之後，才能請求，即使還沒開始處理事務或事務處理到一半，也是可以請求報酬。例如坊間律師委任酬金支付，通常是在案件委任同時，還沒等開始委辦案件處理，就會向當事人請求收取律師費用。

4. 勞務結果責任

　　承攬契約是以完成一定工作物為契約內容，承攬人對工作完成的成果負擔較高的責任。此部分可參照《民法》第 508 條規定「工作毀損、滅失之危險，於定作人受領前，由承攬人負擔。」

　　相對的，委任契約著作在事務處理的過程，對於處理事務的結果，原則上由委任人承擔，但受任人負有報告說明等多項法定義務。

5. 債務不履行的法律效果

　　承攬契約中，若完成的工作物有瑕疵，承攬人須負擔瑕疵擔保責任，且依照《民法》第 493 第 1 項及第 494 條規定，定作人遇有工作物瑕疵時，須先行請求承攬人修補，修補未果，方得請求減少報酬或解除契約。另外也能依照《民法》第 495 條規定，可歸責承攬人所造成工作物瑕疵造成的損失，請求損害賠償。

　　　至於委任契約中，受任人若有違反受任人義務，導致債務不履行的狀況時候，這時候是依照《民法》第 544 條及第 227 條，受任人必須負擔損害賠償責任。

6. 報酬請求權的時效

　　承攬契約，承攬人的報酬請求權，時效依照《民法》第 127 條第 7 款規定，消滅時效為二年。委任契約，受任人之報酬請求權以《民法》第 125 條規定，原則上請求權時效為十五年。

「承攬契約」與「委任契約」比較表

項目	契約類型	
區分標準	承攬契約	委任契約
勞務可替代性	不須親自完成承攬工作	需親自處理委任事務
勞務著重內容	工作物完成	事務處理
報酬給予	必為有償（報酬）	有償或無償（報酬）皆可
契約責任	承攬人對工作物承擔危險責任	處理事務結果由委任人承擔
勞務瑕疵的法律效果	依照《民法》第493至第495條規定負擔物之瑕疵擔保責任	依照《民法》第544條、第227條負擔損害賠償責任
報酬請求權消滅時效	二年請求權時效	十五年請求權時效

　　回到「開心圓滿」的案例情況，該公司顯然是把智慧手環的偵測設備，委託給電子商生產及組裝。因此契約的性質，是強調「該智慧手環偵測零件順利完工及完成」，因此所委託的契約類型，並非為了事務處理，而是傾向工作物完成。

　　若歸類為勞務契約的性質，則偏向是「承攬契約」，對於工作物瑕疵，則可能有承攬契約相關規定的適用。

　　然而，也有一種例外情況，若「開心圓滿」公司委託廠商製作生產的目的，僅在於確認最終取得該偵測元件的成品，對受委託的廠商工作過程並不在意，而僅認為是向上游廠商購買該製造完成成品的話，這就有可能被認為是單純的買賣契約，對於商品瑕疵就會依照《民法》買賣契約及物之瑕疵擔保等規定來判決處理。

本節重點摘要

1. 與合作廠商的契約有關「違約金」的規範，可區分為「賠償額預定性違約金」與「懲罰性違約金」。兩者在賠償額的「上限」有所差異。

2. 創業者要辨別自己簽定的企業，應該負責「賠償額預定性違約金」或「懲罰性違約金」，最簡單的判別標準，若契約未使用「懲罰性」或「懲罰」相關文字規定違約金，原則上就不會被認定為是「懲罰性違約金」。

3. 只要企業有委託他人或受他人委託工作內容，就要簽定「提供勞務工作」相關契約，可區分為「承攬契約」或「委任契約」。

4. 「承攬契約」與「委任契約」的主要差異，包含勞務可替代性、勞務提供著重內容、報酬規範、勞務結果責任、債務不履行法律效果、報酬請求時效等指標。

5. 本節提及《民法》相關法條細節可參考全國法規資料庫網站，網址 https://law.moj.gov.tw/LawClass/LawAll.aspx?pcode=B0000001，或手機直接掃描以下 QR-Code 條碼，跳轉到全國法規資料庫《民法》網頁。

---

1. 提供他人勞務工作的契約當中，法律上還有另一種形式為「僱傭契約」，根據《民法》第 482 條「稱僱傭者，謂當事人約定，一方於一定或不定之期限內為他方服勞務，他方給付報酬之契約。」不過因為僱傭契約主要探討企業「內部」雇主與員工間的「勞雇」工作，屬上下關係，與此部分合作廠商是基於平等地位所簽訂的勞務工作契約性質並不相同，故這邊不特別探討僱傭契約內容。

CH3

創業之和
經營制度的合規策略

在審視創業初期應該注意的組織，以及第二階段各類契約簽訂要權衡的比重之後，創業進入第三個階段，創業者要讓公司運作步上軌道，勢必要重視營運的「和氣」與「合規」，因此在制度上的規劃，更必須要拿捏得宜，才能避免衍生不可預期的爭議。 我們在這一章將討論重心將探討重點鎖定於「負責人、董事、股東的法律責任」、「股東會及董事會的制度」以及「勞資關係與勞動制度」。

3.1

盤點負責人、董事、監察人及股東之法律責任

　　「開心圓滿」企業在處理消費者糾紛、合作廠商違約金告一段落之後，原本以為真的能開開心心做生意了，沒想到又傳來一個嚴重的案例消息。因為不知名的原因，智慧手環直接爆炸，導致消費者被炸傷因故死亡。

　　A君身為企業負責人，原本以為這個身分頭銜，就是主掌企業營運方向，在名義上享有決策權力而已，沒有想到這個死亡案例，讓他有可能面臨刑事責任。出錢又出力的他，沒想到這趟創業之旅，竟有一天要面臨牢獄之災。而C君雖然不是負責人身分，但他身為公司最原始的股東之一，這時，他也感到相當緊張，不曉得這場劫難，會不會燒到自己身上？

　　相對於自然人，公司乃是屬於營利社團法人，也就是透過法律規定使其具有法律上獨立權利義務的主體。但是，公司法人格畢竟是法規範上抽象的存在，後續的具體營業行為，包含內部決策的擬定、外部法律行為，皆仍需要透過「特定自然人主體」來完成。

　　因此，公司不論是對內或對外的各種法律責任，公司負責人或所屬相關人員，就可能須共同承擔。尤其是公司的負責人，因為他對外即是公司的代表，所承擔、受牽連的法律責任自然更為更重。因此，這一節當中，將特別說明身為負責人、董事相關身分，需負擔哪些重要的法律責任。

公司負責人的 2 大類法律責任

公司負責人可以根據不同企業組織的形式（我們在第一章中，有特別提到的有限公司、無限公司），根據《公司法》第 8 條設有不同的規定，整理如下：

- 在無限公司、兩合公司為執行業務或代表公司之股東。
- 在有限公司、股份有限公司為董事。
- 公司之經理人、清算人或臨時管理人，股份有限公司之發起人、監察人、檢查人、重整人或重整監督人，在執行職務範圍內，亦為公司負責人。
- 公司之非董事，而實質上執行董事業務或實質控制公司之人事、財務或業務經營而實質指揮董事執行業務者，與本法董事同負民事、刑事及行政罰之責任。

其中實務上最常見的「有限公司」、「股份有限公司」，其公司負責人，最主要即為董事，另外公司經理人在執行業務範圍亦屬公司負責人。對於「實質上執行董事業務或實質控制公司之人事、財務或業務經營而實質指揮董事執行業務者」，針對此類對公司有實質控制權力者，一般稱之為「實質董事」、「事實董事」或「影子董事」，在《公司法》第 8 條第 3 項規定，也提及須與一般董事一樣負擔相關民事、刑事及行政罰責任。

所以這邊需要強調的是，如果沒有經過深思熟慮，就答應「掛名」擔任他人公司之負責人，但實際上沒有實際瞭解與參與該公司業務，若公司營運過程中造成他人損害，公司代表人，還是有可能需要負擔相關民刑事

等法律責任。

1. 民事賠償責任

此部分可參考最高法院 78 年度台上字第 662 號判決：「法人之一切事務，對外均由其法定代理人代表行之，故法定代理人代表法人所為之行為，即屬法人之行為，其因此所加於他人之損害，該行為人尚須與法人負連帶賠償之責任，此觀《民法》第 27 條、第 28 條之規定自明。」

公司代表人代表公司所為若造成他人損害，代表人自然需與公司負擔連帶賠償責任。《公司法》第 23 條第 1 項也提到，如果是代表人的行為造成公司本身受到損害，公司自然也能夠對其請求賠償。

2. 刑事責任

公司代表人對外代表公司，若其行為造成公司或第三人損害，若違反相關刑事法律規定，代表人亦須承擔相關刑事責任。

例如公司代表人利用職務之便，侵吞公司財產，就可能涉及刑法如：

- 詐欺罪《刑法》第 339 條。
- 侵占罪《刑法》第 335 條。
- 竊盜罪《刑法》第 320 條。

又或是公司代表人對於相關產品安全或公安環境，或未善盡注意管理責任，就涉犯：

- 過失傷害罪《刑法》第 284 條。
- 過失重傷害罪《刑法》第 284 條。
- 過失致死罪《刑法》第 276 條。

至於上述有提到，屬於掛名負責人並未實際參與公司營運，但因為公司代表人仍然屬於法律上之負責人，仍負有法律上忠實義務及善良管理人注意義務。若全然放任公司相關營運情況，甚至因為懈怠於管理，而發生損害公司或他人權利情形，在法律上仍有可能遭求償。

擔任公司代表人時，在諸多法律文件例如合約、票據、借據上，都會一併使用到負責人的簽章。此時即使是掛名負責人，仍然會有需要一併負責情形。所以說，如果你是掛名負責人，一方面沒有獲得公司營利收益；另一方面可能要承擔與一般公司負責人相當責任。整體來說，公司代表人要承擔極高風險，因此盡量避免單純掛名的形式，才不會得不償失。

公司董事「對外」之 3 類法律責任

1. 民事責任

董事對外代表公司，若因自身有關公司執行業務行為，違反法令致損害他人權利時，董事就必須與公司負擔連帶賠償責任（參考《公司法》第 23 條第 2 項）。

當然與此相對，公司法人對於董事或其他有代表權人，因執行職務而造成他人損害情形，公司亦須與該行為人連帶負賠償責任（參考《公司法》第 28 條）。

2. 刑事責任

　　若董事對於執行業務上有故意或過失，造成他人損害，違反相關刑事法律規定，董事亦須獨力承擔相關刑事犯罪責任。例如公司董事利用職務之便，非法詐騙、侵占或竊取他人財產，就可能涉及如上部分公司負責人需要負擔的責任如詐欺罪、竊盜罪、又或是公司董事未善盡注意管理之責，造成產品或員工產生公安意外之責任，就可能涉犯過失傷害罪、過失重傷害罪、過失致死罪等。

　　另外，公司董事尚有基於其他特別法律規定，而須負擔法律責任之情形，例如：公司之公開說明書若有記載虛偽隱匿致他人誤信之情形，公司負責人應對相對人負擔損害賠償責任（參考《證券交易法》第 32 條）。以及公司董事、經理人等負責人不得為內線交易之犯罪行為（參考《證交易法》第 157 條）。

3. 稅務責任

　　公司屬於營利事業單位，若欠稅金額達到「200 萬元以上」者，或欠繳稅金額，在行政救濟中尚「未確定」，以達到「300 萬元以上」者，財政部函得函請內政部入出國及移民署，將欠稅營利事業之公司董事，予以限制出境（參考《稅捐稽徵法》第 24 條）。

公司董事「對內」之 4 類法律責任

1. 民事責任

　　董事與公司之間具有委任契約關係，依法負有忠實義務（即執行職務

時以追求公司利益而非為個人私利之義務）及善良管理人注意義務（即一般擔任該職務所應具備之認知及注意義務）。如有違反義務致公司受有損害者，對公司要負損害賠償責任（參考《公司法》第 23 條第 1 項）。

2. 刑事責任

董事若於執行職務之便，侵佔、詐取或竊取公司財產，甚至違反受任人義務造成公司損害，董事尚有可能構成刑法侵佔罪、詐欺罪、竊盜罪、背信罪等犯罪行為，須受到國家司法機關偵察判刑，並承擔相關刑事責任。

3. 公司法特別義務責任

此外，為確保公司董事等負責人善盡其職責，避免個人私益考量而損及公司權益，公司對於負責人尚有諸多特殊義務，例如：

- 公司董事等負責人，除了有法定事由外，不得將公司資金貸與股東或任何人（參考《公司法》第 15 條第 2 項）
- 公司董事等負責人，除了有法定事由外，不得為他人擔任保證人（參考《公司法》第 16 條）
- 從事與公司競業行為之禁止（參考《公司法》第 209 條）

4. 董事會與董事之責任

另外，公司董事會亦屬於決策會議單位，依照《公司法》第 193 條規定，董事會執行業務也應該遵照法令、章程及股東會決議。若發生董事會決議違反法令情形，而各別董事又依照決議內容來行為時，造成公司受損

害時，原則上參與決議董事都要對公司負擔賠償責任。除非參與的董事在會議當場有表示反對、異議意見，且有會議等紀錄可以證明，反對的董事例外可不用對公司負擔賠償責任。

其他職務身分之法律責任

1. 經理人責任

至於公司經理人的職責，依照《公司法》第 8 條規定，因為在其職務範圍內，同樣被認應屬於公司負責人。因此對於上開董事，公司經理人因為擔任公司負責人，可能發生對內、對外的法律責任，亦同樣要承擔相同的民、刑事等責任。

2. 監察人責任

不同於董事、經理人負責公司平日公司營運項目，監察人的工作主要在監督公司業務執行及財務狀況、查核董事會表冊並報告予股東會、制止董事會或董事違法行為義務。依照《公司法》第 8 條規定，監察人亦屬於股份有限公司的負責人，因此對其職務上行為，《公司法》第 23 條規定，亦應對公司負擔忠實義務及善良管理人注意義務，否則若第三人損害，應與公司負連帶賠償責任。

此外，監察人若忠實義務及善良管理人注意義務，違反執行職務違反法令、章程或怠忽職務，致公司受損害，亦須對公司負賠償責任（《公司法》第 23 條、第 224 條）。當然，監察人也有可能因為違反其職務義務，而構成包含背信、侵占等犯罪之刑事責任。

3. 股東責任

　　股東除非是在無限公司、兩合公司為執行業務或代表公司股東，或是同時擔任公司董事的股東之外，否則在原則上，股東就僅是公司資金提供者身分，並非實際參與公司常態營運決策者或行為人。並且，有限公司或股份有限公司的股東，原則上就提供資金（即提供股金、股本）負擔有限責任，對於公司負責人或相關人員在營運上違法、不當行為造成公司或他人損害情形時，股東並不需負擔任何民事、刑事或行政責任。

　　根據「開心圓滿」企業的案例，他們是屬於「股份有限公司」的組織模式，同時董事為公司主要負責人，對於智慧手環的設計瑕疵造成消費者死亡，整件事有所知悉或稍加注意即可知悉。此時，相關董事依照《公司法》第 23 條規定，必須與公司一同對相關受損害的消費者，連帶負擔賠償責任。

　　至於公司的股東例如案例中的 C 君，因屬於公司資金的出資者，並非主要參與公司的決策人。所以除非股東他也有身兼董事、經理人或其他具有公司負責人地位的情形，否則對於公司營業行為造成第三人有損害，股東並不需要同負連帶賠償責任。

　　至於 A 君屬於公司負責人，依照法律規定有其應盡的法律上忠實及善良管理人等注意義務。他同時擔任公司負責人及代表人，依照法律仍須要盡到相當注意義務，若全然放任公司相關瑕疵產品流入市面，引起消費者傷亡。相關受損害當事人，自然可能透過《公司法》及《民法》侵權行為等規定，向 A 君請求連帶賠償。甚至 A 君若被認為在法律上有注意義務卻未注意，也未避免事故發生，就有可能構成《刑法》上過失傷害、過失致死等刑責。

──────── 本節重點摘要 ────────

1. 答應「掛名」擔任他人公司之負責人，但實際上沒有實際瞭解與參與該公司業務，若公司營運過程中造成他人損害，公司代表人，仍有可能需負擔相關民刑事等法律責任。

2. 公司董事「對外」主要承擔 3 類法律責任、「對內」則有 4 類法律責任。

3. 監察人的職責主要監督公司業務執行及財務狀況、查核董事會表冊並報告予股東會、制止董事會或董事違法行為義務，若涉及第三人損害，也需與公司負連帶賠償責任。

4. 有限公司、股份有限公司的股東，原則上為提供資金負擔有限責任，若公司負責人、相關人員在營運上有違法、不當行為，造成公司或他人損害情形，股東不需負擔任何民事、刑事或行政責任。

5. 本節提及《公司法》相關法條細節可參考全國法規資料庫網站，網址：https: ∕∕ law.moj.gov.tw ∕ LawClass ∕ LawAll. aspx?pcode=J0080001

   或手機直接掃描以下 QR-Code 條碼，跳轉到全國法規資料庫《公司法》網頁

3.2

該如何劃分股東會、董事會的權責？

針對這次消費者致死事件，無疑對「開心圓滿」的品牌名聲元氣大傷，甚至整個企業內部士氣低迷。這時候，負責人、董事會及股東會三方成員針對消費者糾紛之後，究竟要從既有產品去改善，再推出新一代產品；還是打掉重練，放棄智慧手環這門生意直接推出其他產品。兩派意見分歧、爭執不休，身為負責人的 A 君，夾在中間不知道到底要聽誰的，甚至開始思考公司經營過程中，若有重大決策要討論，究竟是先開董事會、還是股東會？彼此分權關係要先聽誰的意見呢？

我國公司採取的組織形式，多數仍以股份有限公司為主，而股份有限公司的內部組職決策結構也是最為完整的。公司所決定的對外策略、內部對話商談的法律行為，都有賴相關決策機關來完成，因此在《公司法》等法規上，就區分為股東會、董事會、以及監督單位即監察人。

其中的股東會與董事會，是在股份有限公司中影響重要決策走向的決定性角色，但這二者之間，在公司決策體系下，該如何分工分權？以及其各別所專屬權責的項目內容為何？身為創業者或企業主，確實有必要有明確理解，以免造公司在決策程序可能有違法情事，進而影響公司的營業或利益。

專屬股東會的 6 大權限、事項

以股份有限及有限公司為例，公司由於是資合之營業法人體制，各別出資的股東即是擁有公司權利的最主要歸屬主體。所謂「股東會」即是集合各公司股東，來議決公司各項重大事項的最高意思決定之機關。「理論上」股東會屬於公司最高決策機關，任何與公司有關的事務，是可以交由股東會來決定。

不過公司除了股東會之外，尚有董事會亦屬於公司決策機關，二者間如何分權，一般企業主往往無法區辨。依照《公司法》第 202 條規定：「公司業務之執行，除本法或章程規定應由股東會決議之事項外，均應由董事會決議行之。」

由此可知，除非公司法或章程另有規定，公司的業務執行，原則上就是由以董事會的決議來做為依歸，一般將此條文稱之為「公司所有及經營權分離」之體現。也就是公司股東雖然擁有權利，但為了強化營運專業性，法律同意將公司的經營權優先交給董事會處理，以促進公司營運決策體制的權責劃分及專業分工。

值得一提，根據《公司法》第 193 條第 1 項規定：「董事會執行業務，應依照法令章程及股東會之決議。董事會之決議，違反前項規定，致公司受損害時，參與決議之董事，對於公司負賠償之責。」這句條文的意思是，若經股東會決議的事項，董事會仍應該遵行辦理，否則相關董事會成員仍需要對公司負擔賠償責任。至於召開股東會的時候，股東可擁有以下六類權限。

1. 人事決定權

- 董事之報酬。
- 董事之選任。
- 董事之解任。
- 董事之補選。
- 董事競業之之許可及介入權。
- 對董事提起訴訟
- 監察人之選任。
- 監察人之報酬。
- 監察人之解任。
- 對監察人提起訴訟。
- 選定公司與董事間訴訟案件，代表公司為訴訟之人。
- 對監察人提起訴訟時，選代替董事長代表公司起訴之人。
- 清算人之選任。
- 清算人之解任。
- 清算人之報酬。
- 檢查人之選任。

2. 財產處分權

- 盈餘分派或虧損撥補。
- 締結、變更或終止關於出租全部營業，委託經營或與他人經常共同經營之契約。
- 讓與全部或主要部分之營業或財產。

- 受讓他人全部營業或財產，對公司營運有重大影響者。
- 特別盈餘公積之另提。
- 股息及紅利之分派。
- 公積轉增資或發給現金。
- 同意清算人將公司營業、資產、負債轉讓於他人。

3. 表冊查核權

- 查核表冊報告。

4. 行使承認權

- 承認董事會造具之表冊。
- 承認清算之資產負債表及財產目錄。
- 承認清算完結時之財產表冊。

5. 聽取報告權

股東開會時，原則上會董事長代表董事會提出各項報告，股東會主要有聽取以下報告之權限：

- 虧損達 1 ／ 2 之報告。
- 股息及紅利分派以發放現金後之報告。
- 募集公司債之報告。
- 公司合併事項之報告。
- 股東會開會，監察人提出查核報告書時，依慣例間查人亦得就報告

書為口頭上之報告。

6. 章程變更權及其他事項

- 公司非經股東會決議，不得變更章程。
- 公開發行公司轉投資限制之解除。
- 將票面金額股轉換為無票面金額股
- 申請停止公開發行。
- 公司私募轉換公司債、附認股權公司債。
- 公司發行限制員工權利新股。
- 「閉鎖性股份有限公司」變更為「非閉鎖性股份有限公司」。

股東會前通知、會議流程

公司決定召開股東會之後，便會進入股東會的準備工作階段，主要注意的地方，必須遵照法律規定的期限，將載明召集事由、地點通知書寄發給各股東，以利於股東了解何時、何地、為何為開，進而決定是否出席及參與股東會表決。若代表公司的董事，有違反上開法定通知等程序者，是會遭到主管機關罰鍰的可能，不可不慎。

另外，某些具有較為重大性的議案類型，包含選任或解任董事、監察人、變更章程、減資、申請停止公開發行、董事競業許可、盈餘轉增資、公積轉增資、公司解散、合併、分割或重大處分財產事項，為了給予股東充分的思考及決定時間，《公司法》亦規定必須在開會通知書中列舉，不得以臨時動議提出。

此外，對於股東會召開要討論、表決的議案，《公司法》也設有股東提案制度，凡是股東可以請求公司將所提之議案，列入開會議程當中。

股東會前通知的 3 項期程規定

- 股東常會：股東常會的召集，於 20 天前通知各股東，對於持有無記名股票者，於 30 日前公告之。公開發行股票之公司股東常會的召集，於 30 天前通知各股東，對於持有無記名股票者，於 45 天前公告之。
- 股東臨時會：臨時會召集，於 10 天前通知各股東，持有無記名股票者，於 15 天前公告之。公開發行股票公司股東臨時會召集，於 15 天前通知各股東，對於持有無記名股票者，於 30 天前公告。
- 股東會決議在 5 天內延期或續行集會者，可不用遵守上述通知期限之規定。通知及公告應載明召集事由；其通知經相對人同意者，得以電子方式為之。

股東會的類型

股東會原則上由董事會召集，主要可分為兩種形式。

- **常會：**至少每年需要召集一次。在每會計年度終了 6 個月內召開常會。如有正當事由並請主管機關核准者，不在此限。
- **臨時會：**可在必要時召集。

另外，《公司法》第 220 條規定，監察人除董事會不為召集或不能召

集股東會外，必要時得召集股東會。法院選派檢查人後，對於檢查人報告認為必要時，可命監察人召集股東會。

1 年以上持有已發行股份總數 3% 以上股份股東，可以書面記明提議事項及理由，請求董事會召開股東臨時會。董事因股份轉讓或其他理由，使董事會不能召集股東會時，可由持有已發行股份總數 3% 以上股份之股東，主管機關許可後，也可自行召開股東會。

股東會出席人數及 3 類投票方式

依照議案是屬於「一般議案」或屬於「特別決議議案」，股東會做成決議之法定出席數（定足數）、表決數（多數決）二大類。

所謂「出席數／定足數」，指的是股東會成功召集的法定出席門檻，以公司已發行股份總數為計算基礎，原則上，公司發行多少股份，就以該股份計算，但必須扣除無表決權數的股份。而「表決數／多數決」，指的是股東會之決議門檻，以有出席且具有表決權之股份為計算基礎。至於取決議案的類型，可分為以下三種類型：

- **特別決議：**應有發行股份總數 2 ／ 3 以上股東之出席，跟出席股東表決權過半數之同意行之。
- **普通決議：**應有發行股份總數過半數股東之出席，跟出席股東表決權過半數之同意行之。
- **假決議：**出席股東不足 1 ／ 2，但有代表已發行股份總數 1 ／ 3 以上股東出席時，得以出席股東表決權 1 ／ 2 以上之同意，為假決議。

董事會的權限

專屬董事會議決事項包含如下：

· 經理人之選任與解任、競業禁止解除、報酬決定。

· 申請辦理公開發行。

· 特殊類型出資。

· 股份交換。

· 員工庫藏股。

· 員工認股權憑證。

· 每季或每半年（不含期末）之盈餘分派。

· 員工酬勞。

· 公開發行公司以章程授權董事會分派現金股利。

· 公開發行公司股東會透過章程授權董事會辦理以公積發給現。

· 發行及私募公司債。

· 發行新股。

董事會召集、決議程序的 2 大重點

董事會是屬於公司營運常態性的決定機關之一，為了更方便處理公司經常性或變動性的事務，其召集與決議程序均比股東會更有彈性，以符合實務上公司營運之常態與需求。董事會的召集權人，原則上是以董事長為主，或其他董事可透過請求董事長召集。

1. 董事會召集通知規範

- 公司法上並無類似股東會之積極規定，因此董事會能以臨時動議來決議。

- 董事會的董事對公司業務較詳細掌握，無須於開會通知上詳列召集事由。因此，若董事既受通知開會，且均已全體出席，就召集事由以外之事項以臨時動議方式提出，並經全體董事充分討論，全體同意而為決議。

- 董事會召集通知的方法，解釋上應以書面為之，但若以電子件或傳真為之，因得載明召集事由，自無不可。

2. 董事會組成及決議

董事會出席定足數的計算，依據《公司法》第 206 條規定：「董事會之決議，除本法另有規定外，應有過半數董事之出席，出席董事過半數之同意行之。」簡單來說，要形成合法有效的董事會決議，必須有超過一半以上董事會成員出席，並且在出席的董事中，要有過半的董事同意之下，董事會的議案才能合法有效的通過。

特別注意的是，不論董事長或董事，也不管董事長或董事擁有多少股份，每一位董事於董事會僅有一票的表決權。此模式與股東會是以「每股有一表決權」是明顯不同，且經濟部解釋認為董事須有二人以上，才達會議基本形式要件，若只有一人成立召開的董事會，是無法作成合法決議。

股東會與董事會共享的 2 項權限

因為有些營運的事項，對公司後續影響極其重大，於是在決策上，法規特別要求公司的重要決定，必須經過董事會及股東會「均」決議通過後，方得為之，此部分就是股東會與董事會共享權限事項。

1. 重大營業變更決策權

依據《公司法》第 185 條規定，有關公司重大之營業變更，應先經董事會特別決議提出議案具體內容，再交由股東會特別決議通過。公司若有下列行為，應有代表已發行股份總數 2 ／ 3 以上的股東出席，同時表決權過要半數同意才能通過，重大營業變更包含如下：

- 締結、變更或終止關於出租全部營業，委託經營或與他人經常共同經營之契約。
- 讓與全部或主要部分之營業或財產
- 受讓他人全部營業或財產，對公司營運有重大影響。

2. 公司合併、分割決策權

依據《公司法》第 316 條、第 317 條規定，公司如欲為合併或分割的決議。董事會應先就分割、合併有關事項，作成分割計畫、合併契約，提出於股東會，再經由股東會特別決議通過。

「有限公司」股東會的 3 大類表決門檻

除了上述有關股東會例如特別決議、普通決議的內容，主要是針對「股份有限公司」而言。至於「有限公司」有另外的規定，但因為受限篇幅，這邊僅就以有限公司的營運模式，列出有限公司要經股東同意的幾項條件門檻。

1. 須經全體股東同意

- **減資：**公司得經全體股東同意減資。

- **公司的組織變更：**有限公司得經全體股東同意，……變更其組織為股份有限公司。

- **董事出資的轉讓：**有限公司董事非得其他股東同意，不得以其出資之全部或一部，轉讓於他人。

- **特別盈餘公積的提存：**有限公司，得以章程訂定或股東全體之同意，另提特別盈餘公積。

- **變更章程、合併及解散：**有限公司變更章程、合併及解散，依公司法第 113 條之規定，係準用無限公司之規定，故應得全體股東之同意。

- **有限公司清算時，將公司營業包括資產負債轉讓於他人：**有限公司的清算，係準用無限公司之清算。因此，清算人若將公司營業包括資產負債轉讓於他人時，應得全體股東同意。

2. 須經 2／3 以上股東同意

- **董事的選任：**有限公司應至少置董事一人……，應經 2／3 以上股東之同意。
- **董事競業的許可：**董事為自己或他人為與公司同類業務之行為，應對全體股東說明其行為之重要內容，並經 2／3 以上股東同意。

3. 須經過半數股東同意

- **增資：**有限公司如須增資，應經股東過半數之同意。
- **會計師及經理人的委任、解任及報酬：**會計師及經理人之委任、解任及報酬，在有限公司須有全體股東過半數同意，但章程有較高規定者，從其規定。
- **清算人的選任及解任：**股東選任之清算人，亦得由股東過半數之同意，將其解任。則其選任自亦由股東過半數之同意為之，即為已足。
- **非董事股東出資的轉讓：**非董事之股東非得其他全體股東過半數之同意，不得以其出資之全部或一部，轉讓他人。
- **歸入權的行使：**有限公司的董事，為自己或他人為與公司同類業務的行為，應對全體股東說明其行為的重要內容，並經 2／3 以上同意。董事違反此一規定時，其他股東得以過半數之決議，將其為自己或他人所為行為之所得，作為公司之所得。但自所得產生後逾一年者，不在此限。

針對本書「開心圓滿」的案例所提到，股東會跟董事會要針對已推出

的智慧手環，表決是否要全然放棄這項產品，甚至如果要將相關生產技術、設備轉由其他廠商接手。若該品項是屬於「開心圓滿」最主要，甚至是唯一的重要技術資產，此時，就可能被認為適用於《公司法》第 185 條規定之「重大營業變更事項」。

　　因此，依照公司法該項法條的規定，此部分既非股東會或董事會的專屬權限事項，而是屬於股東會與董事會共享權限事項。因此必須先經過董事會特別決議提出議案的具體內容，接著再交由股東會特別決議通過，才屬於合法的決議流程。

本節重點摘要

1. 「股東會」即是集合各公司股東，來議決公司各項重大事項的最高意思決定之機關，股東會召開過程可行使人事決定權、財產處分權、表冊查核權、聽取報告權、行使承認權、章程變更權等權限。
2. 股東常會、股東臨時會的召集都必須要會前通知各股東，且公告日期有特別規定。
3. 董事會是屬於公司營運常態性的決定機關之一，為了更方便處理公司經常性或變動性的事務，其召集與決議程序均比股東會更有彈性。
4. 若公司要進行重大營業變更決策，或是公司合併、分割決策，此時股東會與董事會共享權限事項，決策必須經過董事會及股東會「均」決議通過後才能行使。
5. 本節提及《公司法》相關法條細節可參考全國法規資料庫網站，網址：https: ／／ law.moj.gov.tw ／ LawClass ／ LawAll. aspx?pcode=J0080001
   或手機直接掃描以下 QR-Code 條碼，跳轉到全國法規資料庫《公司法》網頁

勞動契約：「一例一休」及變形工時

　　「開心圓滿」好不容易把消費者糾紛，以及股東會及董事會決策問題，處理告一段落後，最後決定要推出新一代已通過安規檢驗的智慧手環。公司營運者看準年底即將到來，認為這款智慧手環相當適合當聖誕節的交換禮物，或是新年禮物送給親友展現關懷。因此要求整間公司的員工，卯起來加班出貨，甚至在辦公室外的門市，要 24 小時不打烊營業，因此要求全體員工為期 1 個月內一律禁止休假，連例假日也不能休息。最後員工終於撐不下去，偷偷向勞檢局通報，勞檢單位馬上到門市來檢查，認為「開心圓滿」已經違反「一例一休」的相關規定。

　　公司中勞資關係的互動，向來是最重要同時又是要最小心處理的。若是勞資雙方能夠互利共榮，公司業務的業務推展自然能更加順利，對長遠的營運績效，自然產生正面的效益。

　　然而，現今時日，勞動法規時常修訂更迭，身為創業者或企業主，對於勞資關係最基礎的部分，也就是勞動法規問題，如果沒有清楚理解或注意，可能會在許多環節沒有妥善處理勞資關係，導致違反相關勞動法規而受到主管機關裁罰。甚至嚴重的情況，還可能因為員工的檢舉必須提供補償。

　　因此有關勞動法規的規定，勢必要主動去瞭解、研究，若一有任何疑問，最好在第一時間尋求專業人士的諮詢或協助。才能有效避免企業因違

反勞動法規，而受到裁罰或追償。

勞動契約的本質及判定

　　究竟何謂「勞動契約」？我國法律制度下，企業或公司的勞動契約之權利義務關係，最主要之遵循的就是《勞動基準法》。至於對勞動契約的立法定義，依《勞動基準法》定義為「約定勞雇關係之契約」，勞工則定義為「受雇主僱用從事工作獲致工資者」；雇主則為「僱用勞工之事業主、事業經營之負責人或代表事業主處理有關勞工事務之人」。

　　從上述定義相當空洞，實際上並未定義何為勞工、何為雇主，以致難於其他《民法》上勞務給付契約相區別。依我國制定但未施行之「勞動契約法」定義為「稱勞動契約者，謂當事人之一方，對於他方在從屬關係提供其職業上之勞動力，而他方給付報酬之契約」，相較於勞基法則屬較為明確之定義，亦即，「當事人一方在從屬關係下提供職業上勞動力即屬勞工，而為此勞動力提供報酬者即屬雇主。」

勞動契約之 3 種從屬特性

　　判定是否屬於勞動基準法下的「勞動契約」，可參考我國歷來司法判決，主要區別標準即在於，在「人格上、經濟上及組織上從屬於雇主，對雇主之指示具有服從關係」（最高法院 101 年度台簡第 1 號民事判決要旨參照）。也就是勞務之提供者對於雇主具有以下三種從屬服從關係，才會屬於勞動基準法下的「勞動契約」。

・人格從屬

・經濟從屬

・組織從屬

與此相對，雖然同樣屬於勞務契約的「承攬契約」（例如一般人委請之室內設計師、建築師、汽車維修技師）或「委任契約」（例如公司之董事、經理，或是一般人委請之律師、會計師），但因為與勞務提供者間並不具有上開「從屬性」，且勞務之提供者在執行相關勞務等工作時，均保有相當高程度的自主性及獨立性，就不會是屬於勞動基準法下的「勞工」。其相關權利義務關係即回歸《民法》相關章節處理，此部分可參酌本書第二章第三節中，有關「承攬契約」及「委任契約」的說明。

工時安排最重要的「一例一休」

我國勞工的一年平均上班日時間，在全世界各國的統計下，時常都在名列前茅。但在「一例一休」制度頒布施行後，所有的企業，除了特定許可例外的產業外，原則上都必須要遵守「一例一休」的上班及休假的安排。此為強制性的規定，若有違反，都是屬於違反勞動法令及勞動契約之行為，而有可能受到主管機關的裁罰或勞工之求償。

但「一例一休」即使已經上路施行相當一段時間了，仍然有許多老闆們搞不清楚到底「一例一休」，怎麼才算是例假、怎麼算休假。所謂的「例」指的就是例假日、「休」指的是休息日，「一例一休」的核心原則，簡單來說就是「員工每工作七天，必須包含有一個休息日，一個例假日」。

　　而「休息日」與「例假日」最大的差別之處，原則上，在例假日，雇主是「不得」要求勞工加班的；而在休息日，則可以在事先取得勞工同意下期望加班，但雇主必須要加成支付當日的薪水給員工。

　　這樣法律設計的目的，主要是希望給予員工有足夠的休息時間，一方面強制每 7 天必須要有一個例假日，讓員工好好養精蓄銳。另外休假日部分，則提高雇主支付員工上班工資的成本，以避免勞工超時工作，為勞工提供一個更良善平衡的工作時間與環境。

　　當然相對的，因為勞工在休假、例假出勤的成本提高，這就直接增加公司在人員調度上的困難，以及人力成本上的負擔，確實也在實務上造成許多企業在營運、管理上的困擾。未來這項制度的細節，是否會隨著社會、經濟的發展而會持續調整，值得後續觀察。

掌握「上班 6 天、第 7 天例假日」原則

　　總而言之，「一例一休」的名詞聽起來很複雜，但核心精神概念很簡單，創業的老闆只需要掌握一個大原則，也就是「不能讓員工連續上班超過 6 天，一旦連續上班超過 6 天，第 7 天一定要給予員工 1 天例假日」。

　　另外，這個例假日並沒有規定，一定要在禮拜六或禮拜日，只要掌握上面的大原則，例假日可以安排在 1 周的任何一天，只要雇主跟員工事先約定好就可以。不過，如果事前已經與員工約定好了，公司基本上就要「延續約定」的形式，若要再更動，還是要再取得員工的同意。公司不能夠單方面擅自變更，否則仍然是屬於違反勞動法令及勞動契約的情形。

「例外」可不受「一例一休」限制的產業

　　至於有些產業類別，因為有業務的特殊性，主管機關勞動部依照《勞動基準法》第36條第4項規定授權，公布可以「例外」不遵守「一例一休」的產業類別，分別如下表格所示。

七休一例外產業整理表

	狀況	適用工作／產業	放寬「一例一休」規定
指定勞基法第36條第四項行業	一、時間特殊	食品及飲料製造業、燃料批發業及其他燃料零售業、石油煉製業。	可調動例假日，最長可連續上班 12 天。
		汽車客運業	可調動例假日，但須符合下列規定： 1. 勞工連續工作不得逾 9 日。 2. 勞工單日工作時間逾 11 小時之日數，不得連續逾 3 日。 3. 每日最多駕車時間不得逾 10 小時。 4. 連續兩個工作日之間，應連續 10 小時以上休息時間。
	二、地點特殊	水電燃氣業、石油煉製業	可調動例假日，最長可連續上班 12 天。

	狀況	適用工作／產業	放寬「一例一休」規定
指定勞基法第36條第四項行業	三、性質特殊	勞工於國外、船艦、航空器、閘場或歲修執行職務。如：製造業、水電燃氣業、藥類與化妝品零售業、旅行業、海運承攬運送業、海洋水運業。	可調動例假日，最長可連續上班12天。
		勞工於國外職行採訪職務，如新聞出版業、雜誌（含期刊）出版業、廣播電視業。	可調動例假日，最長可連續上班12天。
		為因應天候、施工工序或作業期程，如石油煉製業、預拌混泥土製造業、鋼鐵基本工業。	可調動例假日，最長可連續上班12天。
		為因應天候、海象或船舶貨運工作，如水電燃氣業、石油煉製業、冷凍食品製造業、製冰業、海洋水運業、船務代理業、陸上運輸設施經營業之貨櫃集散經營、水上運輸輔助業（船舶理貨除外）。	可調動例假日，最長可連續上班12天。
		為因應船舶或航空運作業，如冷凍冷藏倉儲業。	可調動例假日，最長可連續上班12天。

	狀況	適用工作／產業	放寬「一例一休」規定
指定勞基法第36條第四項行業	四、狀況特殊	為辦理非經常性之活動或會議，如製造業、設計業。	可調動例假日，最長可連續上班 12 天。
		為因應動物防疫措施及畜禽產銷調節，如屠宰業。	可調動例假日，最長可連續上班 12 天。
		因非可預期或緊急所需，如鋼線鋼纜製造業。	可調動例假日，最長可連續上班 12 天，調整次數每年不得逾 6 次。
		因非可預期或緊急所需，如金屬加工用機械製造修配業。	可調動例假日，最長可連續上班 12 天，調整次數每年不得逾 10 次。
		因非可預期或緊急所需，如紡織業、成衣與服飾品及其他紡織製品製造業、人造纖維製造業、食品及飲品製造業（限「食用油脂製造業」、「罐頭、冷凍、脫水及醃漬食品製造業」、「糖果及烘焙食品製造業」、「麵條、粉條類食品製造業」）、電子零組件製造業、電限及電纜製造業、塑膠製品製造業、印刷及有關事業；金屬製品製造業（限「螺絲、螺帽、螺絲釘及鉚釘製造業」、金屬製成品表面處理業、「金屬模具製造業」、「鋁銅製品製造業」）、非金屬礦物製造業（耐火材料製造業及石材製品製造業除外）。	可調動例假日，最長可連續上班 12 天，調整次數每年不得逾 12 次。

　　從上面表格可看出勞動部公布的相關產業，是有可能放寬每 7 天必須要有一個例假日的限制。在工作具有特殊性的需求下，例假日排班過程，勞工最長可以連續上班 12 天。

　　不過，針對此例外不受「七休一」限制的產業，勞動部有特別發布新聞稿 說明：「勞動部強調：本次預告指定適用《勞動基準法》第 36 條第 4 項例假七休一例外規定之行業，仍然必須於所公告允許之「時間特殊」、「地點特殊」、「性質特殊」及「狀況特殊」等特定情形下，始可於當週內調整例假，絕非「全面放寬所指定之行業，可以無限制調整例假」。[1]

　　總而言之，原則上一般公司勞工之工作日及休假、例假日，必須符合「一例一休」也就是每 7 天有一例假日（七休一），原則上不可以使員工連續上班超過 6 天。但若屬於勞動部所頒布的特殊產業，且確實有工作時間、地點、性質、狀況的特殊需求者，例外不受「七休一」的限制，可以透過排班排假，即調動例假日的方式，員工最長可以連續上班 12 天。

特殊責任制性質的勞動規範

　　另外，針對一般稱之具有責任制性質的工作，例如以下列點。根據《勞動基準法》第 84 條之 1 則規定，勞雇雙方得另行約定，工作時間、例假、休假、女性夜間工作，並報請當地主管機關核備。

・監督、管理人員：指受雇主僱用，負責事業之經營及管理工作，並對一般勞工之受僱、解僱或勞動條件具有決定權力之主管級人員。
・責任制專業人員：指以專門知識或技術完成一定任務並負責其成敗之工作者。

- 監視性之工作：指於一定場所以監視為主之工作。
- 間歇性之工作：指工作本身以間歇性之方式進行者。
- 其他性質特殊之工作。

必須要提醒的是，並不是歸類為上述責任制的事業工作，就可以直接排除「一例一休」的限制。勞資雙方必須已經明確達成此約定後，再將該書面約定契約送交主管機關「核備」後才可施行。否則片面的約定都不具效力，自然仍應該回歸「一例一休」的相關規定辦理。

勞工變形工時該如何算？

「一例一休」的基本模式，原則上就是每週（7天）會有一個休假及一個例假，但為了因應各行各業不同的需求，勞動部針對指定的產業別，另外有同意可以選擇 2 週、4 週、8 週的彈性工時制度，一般稱之為「變形工時」。

變形工時的目的，主要是讓特定的產業別，可以更彈性的調配員工的工作時間，例如把工作時間集中在旺季或是特定繁忙的時段，進而讓假日與休息日做更有彈性的挪移。

目前變形工時可分 2 週、4 週、8 週，乍聽之下很複雜，其實只是將原本一週為計算基礎的休假日及例假日，擴大到 2 週、4 週、8 週，來做為分配的基礎，簡單說明如下。

- 一般單週規定：每 7 日中，至少應有 1 日之例假、1 日之休息日

- 2 週彈性工時：每 7 日中至少應有 1 日之例假，每 2 週內之例假及休息日至少應有 4 日。
- 4 週彈性工時：每 2 週內至少應有 2 日之例假，每 4 週內之例假及休息日至少應有 8 日。
- 8 週彈性工時：每 7 日中至少應有 1 日之例假，每 8 週內之例假及休息日至少應有 16 日。

重要的是，不論是採取哪一種變形工時，因為是將原本單週基礎的休假日、例假日做挪移，所以合計後的總工時並沒有增加；總週數應該配有的休假及例假日也不會減少，加班的上限也同樣受到限制，這是變形工時中很重要的概念。我們將這四類的變形工時，整理成以下表格供參考。

比較項目	無變形	2 週彈性工時	4 週彈性工時	8 週彈性工時
程序	無	工會或勞資會議同意		
條件	適用勞基法的行業		須符合政府所列的產業、職業	
挪移正常上班時數	不可	2 週內可以有兩日工作時數分配到其他工作天，但挪移的時數每天不能超過 2 小時。	4 週內可以將任意天數的工作時數分配到其他工作天，但挪移的時數每天不能超過 2 小時。	不可
休息日及例假日	「一例一休」	每七天中至少要有 1 個例假，每 2 週內至少要有 2 例 2 休。	每 2 週應有 2 個例假，4 週內至少要有 4 例 4 休。	每七天中至少要有一天例假，每 8 週內至少要有 8 例 8 休。

比較項目	無變形	2週彈性工時	4週彈性工時	8週彈性工時
每日正常工時	8小時	可到10小時	可到10小時	8小時
加班規定	正常上班日加班最多4小時；假日加班最長12小時。	正常上班日加班多4小時，如果當天正常工作是10小時，則減少為2小時；假日加班最長12小時。	正常上班日加班最多4小時，如果當天正常工作是10小時，則減少為2小時；假日加班最長12小時。	正常上班日加班最多4小時；假日加班最長12小時。
總正常工時	每周不能超過40小時	每週不能超過48小時，2週不超過80小時。	4週不超過160小時	每週不能超過48小時
實際應用		如果周三、周四事情特別多，可以將周一、周二的各兩小時挪移，變成周一、周二上班6小時，周三、四上班10小時。	極端的狀況下，可以讓員工合法連續12天每天上班9小時至10小時，只要當月時數不超過160小時，且每兩週有兩個例假日即可。	如果下周六確定要加班，可以與這週五相互調動，變成這週只上4天班，下週連上6天班。

　　總而言之，變形工時給予公司或員工，都有更大的彈性做工作日、休假日及例假日的安排。如果閱讀本書的創業老闆，有意採取變形工時制度，建議應先確認自身的業態，是否屬於法律規定可採用變形工時制度的產業別。並且在取得工會或勞資會議的同意後，再選擇適合的變形工時制度，來確保公司不會有違反相關勞動法令的情形。

勞工加班費的 4 種模式、算法

　　若員工的工作時間超過平日正常的工作時間（每天 8 小時），甚至是發生員工在休假日甚至國定假日要上班的情形，依照法律的規定，都是必須支付加班費。而相關加班費計算的方式，主要可區分以下四種模式。

1. 平常日加班

　　根據《勞動基準法》第 24 條第 1 項的規定，雇主有使勞工每日工作時間超過 8 小時者；或每週工作超過 40 小時者，應依法給付加班費，其標準算法為：

- 延長工作時間在 2 小時以內者，按平日每小時工資額加給 1 ／ 3 以上。
- 再延長工作時間在 2 小時以內者，按平日每小時工資額加給 2 ／ 3 以上。

2. 休息日加班

　　根據《勞動基準法》第 24 條第 2 項，雇主使勞工於第 36 條所定休息日工作時，應依法給付加班費，其標準算法為：

- 工作時間在 2 小時以內者，按平日每小時工資額另再加給 1 又 1 ／ 3 以上。
- 工作 2 小時後再繼續工作者，按平日每小時工資額另再加給 1 又 2

／3 以上。

- 雇主使勞工於休息日工作之時間，計入勞動基準法第 32 條第 2 項所定延長工作時間總數，即是必須計入 1 個月 46 小時內。

- 但若是天災、事變或突發事件，雇主使勞工於休息日工作之必要者，出勤工資應依《勞動基準法》第 24 條第 2 項規定計給，其工作時數不受《勞動基準法》第 32 條第 2 項規定之限制。

3. 國定假日或特休假加班

《勞動基準法》第 39 條規定，雇主經徵得勞工同意於休假日（國定假日或特別休假）工作者，工資應加倍發給，所稱加倍發給，係指假日當日工資照給外，再加發 1 日工資。

至於例假日的加班費，根據《勞動基準法》第 40 條，沒有天災、事變或突發事件，雇主不得使勞工於「例假日」出勤，若因前揭原因有使勞工出勤者，該日應加倍給薪，並應給予勞工事後補假休息。

綜觀上述討論，除了採單週循環制的一般工時制度外，若企業符合主管機關公布的產業別，則可採取 2 週、4 週、8 週的變形工時，但整體應給予員工的休息日、例假日仍然不會減少。若屬於法定上「加班」的情形，仍需要按照法律規定之比例，發給員工相對比例的加班費用。

但是無論是哪一種產業，就算是屬於「一例一休」例外的產業別，最多也只能容許員工最高連續上班 12 天，再怎麼樣都不會像「開心圓滿」這件公司的情況，為了衝業績要求員工長達 1 個月禁止休假。因此這項案例的情事已明顯且重大違反勞動法規及勞動契約的情形，主管機關可以予以裁罰，員工也可以拒絕公司不合法禁止休假的要求。

──────── 本節重點摘要 ────────

1. 企業或公司的勞動契約之權利義務關係，最主要之遵循的法源來自《勞動基準法》。

2. 勞資關係必須符合人格從屬、經濟從屬、組織從屬關係，才符合《勞動基準法》下的「勞動契約」。

3. 「一例一休」制度上路後，有關勞工的工作日、休息日、例假日都已經有明確的規定。除非是屬於主管機關列為不特定產業的類別，不然原則上就是必須符合「七休一」的原則。

4. 企業符合主管機關公布的產業別，可採取 2 週、4 週、8 週的變形工時，但整體給予員工的休息日、例假日仍然不會減少，且屬於法定「加班」模式需按照法律規定比例，發給員工相對比例的加班費。

5. 本節提及《勞動基準法》相關法條細節可參考全國法規資料庫網站，網址：https: ／ ／ law.moj.gov.tw ／ LawClass ／ LawAll.aspx?PCode=N0030001
或手機直接掃描以下 QR-Code 條碼，跳轉到全國法規資料庫《勞動基準法》網頁

────────

───────

1. 勞動部 107-02-01 新聞稿資料來源：https://www.mol.gov.tw/announcement/33702/35017/）

CH4

創業之正
事業擴張的可行策略

創業進入第四階段,也就是隨著整體營運逐漸步上軌道後,以及盤點營收開始有獲利之後,企業領導層必須開始思考,企業往下一個階段成長過程,該如何更有效率擴大營運規模,是要挹注外部資金、調整內部員工升遷制度,還是整合資源進行併購或技術收購,讓事業體在朝向垂直整合、水平擴展的策略當中,取得最佳投資回報率。因此,這一章的重點將聚焦在「外部投資入股模式」、「內部員工入股模式」、以及「擴張併購模式」,讓創業者引領企業在升級轉型過程,更順利讓公司的體質順利「轉骨」,成為市場上能長期獲利的長青企業。

4.1

企業擴張股東出資入股的方式

　　「開心圓滿」的新款智慧手環上市一年多後，新一代產品在效能及穩定性問題有了大幅的改善。不過內部的決策者仍希望在偵測生理的技術有進一步突破，這時候，某間頂尖大學電機系教授的實驗室，正巧在研發一款新型晶片，能有效提升感測的數據精確度，又能克服製造良率不穩的問題，讓開心圓滿的經營團隊眼睛為之一亮。

　　於是他們馬上找到這名教授，訊問他是否有意願釋出技術專利，公司願意花大筆預算去購買這項技術。在雙方洽談之後，這名教授也看到開心圓滿公司的發展潛力，因此他提出新的構想，希望透過自己入股的方式，成為開心圓滿的股東之一，並採取技術出資的方式來入股。

　　隨著公司營運持續發展，人員、設備、管銷等各項支出也隨之上揚，創業者此時往往就需要引入外部資金來挹注公司營運所需。一般常見企業籌資管道，不外乎就是向銀行借款、增資發行新股或發行公司債等，各種管道各有其優缺點，企業主可以綜合評估相關風險之後，採取較合適的方式。

　　不過在我國的商業實務運作來觀察，目前台灣超過九成比例是屬於中小企業規模，如果是要發行公司債的方式以募得資金，此方法實屬不易。至於銀行貸款部分，則牽涉銀行授信的評比，以及還款期限、利息等條件限制，也有一定障礙及難度。

因此，另一種常見採取直接籌資的管道，就是企業以增資、募資的方式處理。簡單來說，就是公司「以股份換現金」的方式，來取得公司所需的資金，相對應的出資者，能藉此取得公司股東及股份之權利與地位。

用現金來取得增資的資金，固然最為直接，但在某些情況下，有時企業為了顧及策略佈局，會採取其他作法。所以，我國的《公司法》允許企業以其他形式，例如技術或公司所需要的財產，作為出資者取得公司股份的方法之一。也因為法規上的放寬，大幅降低公司取得資本的門檻，在商業佈局的手段也更有彈性。

股東出資型態 1：現金出資

公司最直接融資的方式，就是透過增資來取得現金，並讓出資者取得股東之地位，此即為一般俗稱「股票換鈔票」的方式。此種以籌措公司所需資金而發行新股的方式，一般稱之為「通常發行新股」，這類模式又可以區分「分次發行新股」及「增資發行新股」兩種制度。

相對的，若非為了籌措資金目的，而是有其他原因，例如獎勵員工擴大組織規模，而發行提供員工認購新股方式，則稱之為「特殊發行新股」，這部分將在下一節完整說明。

分次發行新股模式

首先，分次發行新股部分，公司在設立時雖然章程有規定股份資本總數，但《公司法》第 156 條第 4 項有規定：「公司章程所定股份總數，得分次發行」。也就是說，實際上可能公司的股份並未全數發行完，公司可

以在不需召開股東會的方式，直接透過董事會的決議，來決定發行第二次以後的新股，並取得公司所需資金。

例如某間股份有限公司的章定資本額為 1,000 萬元，但實際發行僅有 500 萬元。因為《公司法》有規定得分次發行，所以該公司日後若仍有資金需求，就可以再額外用 500 萬元部分發行新股，並由股東繳交股款後，來達到籌資的需求目的。

增資發行新股模式

至於「增資發行新股」，主要指的是公司變更章程，將章程所定資本額提高後，再發行新股。由於此部分會牽涉到「公司章程之變更」，此部分就屬於公司重要事項，無法單純透過董事會召開的方式來通過（這部分可參考本書 3-2 章「股東會、董事會權責」的內容有詳盡說明），必須先依照《公司法》第 277 條規定，先經由召開股東會決議同意通過提高資本議案後，始得再接著以董事會決議，做為最終發行的決定。

股東出資型態 2：技術出資

過去股東出資絕大多數偏好以提供現金的方式，如今全球產業競爭激烈，企業能否掌握創新技術優勢，將是公司考慮是否必須超前部署的關鍵。更何況，很多時候擁有資金的公司，不見得擁有關鍵性的技術，若是站在提高公司在產業競爭力的考量之下，自然可以容許以技術類型，來成為出資入股的方式。而在法律面亦允許在特定的條件與情況下，得以非現金來出資，也就是所謂「技術出資」的概念，簡單來說就是「有錢出錢，有技

術出技術」，透過不同策略規劃來強健企業的營運實力。

　　而《公司法》為了鼓勵技術出資的模式以降低營運的門檻，針對「有限公司」部分，《公司法》第 99 條之 1 有規定：「股東之出資除現金外，得以對公司所有之貨幣債權、公司事業所需之財產或技術抵充之。」。

　　至於「股份有限公司」部分，則可參考《公司法》第 131 條第 3 項規定：「發起人之出資，除現金外，得以公司事業所需之財產、技術抵充之。」以及《公司法》第 156 條第 5 項「股東之出資，除現金外，得以對公司所有之貨幣債權、公司事業所需之財產或技術抵充之；其抵充之數額需經董事會決議。」都是將技術出資的概念，具體規定在《公司法》當中。

股東出資型態 3：認購資產出資

　　公司除了可以運用技術入股之外，依照上開條文規定，還可以用「公司所需財產」來當作出資取得股東身份的方式。這邊所謂公司所需財產，是指現金以外財產，可能是有形資產如土地、廠房、辦公室、設備、機具等，亦可能是無形的財產，例如債權、物權 (例如地上權)、股權等。

　　其中需特別注意的是，股份有限公司不論是技術出資或公司所需財產出資，依照《公司法》第 156 條規定，均必須經董事會決議通過，並決定出資部分抵充多少股份數額，其程序上方屬合法。

　　相反地，若是以股份有限公司發行新股的情形，依照《公司法》第 272 條規定：「公司公開發行新股時，應以現金為股款。但由原有股東認購或由特定人協議認購，而不公開發行者，得以公司事業所需之財產為出資。」也就是說，公開發行新股者，只能限於以現金為股款的方式。

不公開發行且由原有股東認購或由特定人協議認購者,可例外允許以公司事業所需之財產為出資,不過針對此部分是否包含前述提的「技術出資」,在實際狀況下仍有爭論。我們建議若技術上具有達到一定財產價值型態(例如具有專利、智慧財產權等登記權利等),是可以納入「所需財產之範圍」。

至於單純不具有智慧財產權保護之技術,得否於發行新股時作為出資方式,因為在法律上會有欠缺具體依據的疑慮,原則上建議最好予以排除,以杜後續的爭議。

最後,不論是技術或公司所需財產,除非已經有明確的市價可以參考,否則往往其價值都有不確定性,需要經過一定估價、鑑價程序來予以確認。如果是身為決策者,未來在程序上若要採取此類增資方式,建議務必要委請第三方公正鑑定單位來進行鑑價,並以鑑定的價格作為出資數額的依據,如此才能確保出資程序合法,也可避免日後衍生非必要的法律爭議。

股東出資型態 4:勞務出資

基於公司資本充實等原則,公司發行股份取得之資金管道必須具有一定之財產價值及擔保性,以維持公司營運及市場交易之穩定。所以我國《公司法》「原則上」是不容許以「勞務」來當作出資的方式,但有原則當然也會有例外情況,在特定的公司型態及規定下,仍會有容許勞務出資之可能性,以下說明幾種例外狀況。

例外 1：無限公司

《公司法》第 43 條描述，「股東得以勞務或其他權利為出資」，這邊就是承認在無限公司的組織型態下，可例外允許以勞務作為出資之方式。

例外 2：閉鎖性公司

至於「閉鎖性股份有限公司」是指股東人數不超過 50 人，並於章程定有股份轉讓限制之非公開發行股票公司（可參考本書第一章第二節的內容說明）。根據《公司法》第 356 條之 3 第 2 項規定：「發起人之出資除現金外，得以公司事業所需之財產、技術或勞務抵充之。但以勞務抵充之股數，不得超過公司發行股份總數之一定比例。」

另依照經濟部解釋，該比例標準必須在資本額未達新台幣 3,000 萬者，勞務出資抵充股數不得高過 1 ／ 2；新台幣 3,000 萬者以上者，不得超過公司發行股份總數 1 ／ 4。

需特別注意的是，閉鎖性公司雖然同時可允許「勞務出資」及「技術出資」，但前提是必須先通過公司「全體股東同意」。此外，出資種類、抵充金額及公司核給股數，除了要清楚載明於公司章程之外，另外仍須把勞務出資或技術出資的相關資訊「公開揭露」於主管機關的資訊平台。由於程序上已經得到全體股東同意，因此這部分就不須再檢附鑑價報告，可以簡化其程序及成本費用。

股東出資型態 5：貨幣債權出資

　　除了上述出資方式外，對於非公開發行的股份有限公司在「分次發行新股」，以及有限公司的制度之下，也可允許透過「對公司所有之貨幣債權」作為出資方式。簡單來說，如果有限公司有欠款於出資人，《公司法》是允許出資人以該筆金錢債權，來當成是出資的方式。

　　盤點上述各種公司出資方法，目前最多還是以現金為主，但為了擴大公司取得資金管道與配合企業策略實際需求，在特定情形下仍允許以技術、有形無形財產、勞務、債權等方式，作為出資的替代方案。此部分相關規範，因應不同公司組織類型而有不同，我們將各項可行方式整理成以下表格。

出資種類／ 公司類型	現金	技術	所需財產	勞務	貨幣債權	其他權利	《公司法》 條文依據
無限公司	○	X	X	○	X	○	43
有限公司	○	○	○	X	○	X	99-1
股份有限 發起設立	○	○	○	X	X	X	131 III
股份有限 股東出資 分次發行	○	○	○	X	○	X	156 V
股份有限 公開發行	○	X	X	X	X	X	272
股份有限 非公開發行	○	X	X	X	X	X	272
閉鎖性公司	○	○	X	○	X	X	356-3 II

回到「開心圓滿」的案例，營運者看到大學教授手中握有專業的技術與專利，但該位教授沒有足夠的資金可以投資入股，此時該如何解套？

除了公開發行股份有限公司（也就是一般所稱的上市櫃公司）之外，一般非公開發行之股份有限公司（我國中小企業多為此種情形），依照我國《公司法》規定是「同意」以技術或公司所需財產來出資。因此教授的相關技術若是具備專利或握有智慧財產權，則可以被歸類為公司所需之無形財產，來作為出資之方式。

另外，若教授所提供的是尚未有專利或智慧財產權的取得登記之「技術」，但若該技術具有一定之創新及市場競爭性，公司於最初發起設立及於章程所定資本額內之「分次發行新股」，《公司法》也是可同意以技術出資方式來使其成為股東，來達到資金與技術同時整合的雙贏結果。

但是，若屬於超出章定資本額外的「增資發行新股」，且是公開發行新股，就必須「限於現金」來出資。以及若是非公開發行，也只限於公司所需財產，方得作為出資之方式。由此觀察，因此除非教授的技術是有專利或智慧財產權得，可以被歸類為公司所需之無形財產，來當作是出資方式；否則單純未有專利或智慧財產權的取得登記之「技術」，是無法作為出資之方式。

最後，如果是有限公司或閉鎖性股份有限公司，同樣允許技術出資的方式。若「開心圓滿」的決策層認為教授本身的專業，能為公司提供工作服務，並同樣具備相當產值及經濟效應的情況，在閉鎖性股份有限公司的制度下，也可經過股東會全體同意，讓教授得同時以「技術」及「勞務」方式來出資。只是這部分依照《公司法》規定，須將出資種類、抵充金額及公司核給股數載明於公司章程，並將勞務出資或技術出資的相關資訊「公開揭露」於主管機關的資訊平台。

────────────── **本節重點摘要** ──────────────

1. 企業常見增資、募資的方式會採取直接籌資也就是「以股份換現金」來處理，也稱之為「通常發行新股」，這類模式可區分為「分次發行新股」及「增資發行新股」。

2. 其他股東出資型態還可包含技術出資、認購資產出資、勞務出資、貨幣債權出資等，因應不同公司組織類型的可行方式將有所不同。

3. 本節提及《公司法》相關法條細節可參考全國法規資料庫網站，網址：https://law.moj.gov.tw/LawClass/LawAll.aspx?pcode=J0080001 或手機直接掃描以下 QR-Code 條碼，跳轉到全國法規資料庫《公司法》網頁

4.2

企業擴編員工入股的獎勵制度

隨著「開心圓滿」發展規模逐漸壯大，新一代智慧手環在市場大受好評，業績不斷成長，另外他們所經營的販售門市也持續拓展，全國已經有數十個據點。這時候，其中一位公司剛成立不久就加入的元老級員工，不僅表現優秀，而且深具管理能力。

在既有的升遷制度下，為了吸引這位員工願意持續待在開心圓滿打拚，負責人Ａ君開始思考，是否能透過員工入股模式，打造更健全的企業激勵制度，讓員工成為公司的股東。究竟，打造員工入股這項制度是否可行？以及對企業未來長期營運又有何影響呢？

公司整體營運績效的好壞，除了深受外部市場環境競爭，以及領導者的管理能力之外，企業員工的戰鬥力及實戰表現，也會相當大程度影響公司的獲利表現。因此，對於有心積極投入工作的員工，如何在企業內部制定適當的獎勵策略，就相當重要。

除了每年針對員工績效，直接發送現金之外，其實公司也能運用獎勵員工入股的方式，吸引成員把工作當成自己的事業一樣認真看待；同時也更願意信任公司，長期留在組織內以強化企業的向心力。不過該如何擬定獎勵制度，對企業營運者而言，將是企業成長到一定規模時，必須學習的重要一堂課。

對此，我國的《公司法》就有明文規範相關員工入股的形式，並且在 2018 年時候，《公司法》進一步修正，更擴大員工獎酬入股的管道與方式，讓員工獲得更多機會取得公司的股份，能與公司一同分享獲利成果。至於現今的制度，員工取得公司股份的途徑，共有哪些方式呢？

員工取得公司股份的 5 種模式

1. 員工庫藏股

所謂「員工庫藏股」根據《公司法》第 167 之 1 條的定義，指的是公司經過董事會特別決議後，於一定股數、金額範圍內收買回公司的股份，再將其轉讓予員工。

不過需要注意的是，公司對於此類員工庫藏股的要求，是可以限制員工在「一定期間內」不得轉讓，最長不得超過二年。另外也可以在公司章程中，明訂轉讓的對象可包括符合一定條件之控制或從屬公司員工。所以員工入股若選用「員工庫藏股」，相對受到規範的項目會比較多、彈性較低。

2. 員工認股憑證

「員工認股憑證」的制度，主要也是需經過董事會特別決議後，公司與員工簽訂認股權契約，約定在一定期間內，員工得依照契約中約定的價格認購公司特定數量之股份。員工簽訂認股契約後，再由公司發予員工認股權憑證。

不過與員工庫藏股不同的是，員工取得該認股憑證後，除非是繼承取

得的情形，否則原則上是不得轉讓給第三人。公司也可以在章程上明訂員工認股權憑證發給對象，包括符合一定條件之控制或從屬公司員工。

3. 員工新股認購權

另一種形式則是「員工新股認購權」，根據《公司法》第 267 條第 1 項及第 2 項內容，意思是公司未來在發行新股時，「應」保留 10 ～ 15% 的股份，提供給公司員工承購。

此種認購權，公司是可以在章程中明文限制其轉讓的時間，但最長不可超過兩年。另外，也可以在章程中明訂認購股份的員工資格，要符合一定條件之控制或從屬公司員工。

4. 員工限制型新股

另一種形式是在員工新股認購權之前，必須遵守更多限制的制度，稱為「員工限制型新股」。這類股分的發放流程，是公司經過股東會特別決議後，由公司發給員工附有條件（例如服務、工作或績效表現達標等條件）的新股，在條件未達成以前，該員工的股份權利是會受到限制。

這項制度為 2018 年修法所新增，員工需要有償或無償，以及是否需要透過現金來取得股份，得由公司來決定。公司在員工條件未達成時，是可以依照約定，收回該發行給員工股份的權利。另外，公司也可在章程中限制員工轉讓該股份之條件，包括符合一定條件之控制或從屬公司員工。

5. 員工分紅入股

至於目前市面上最常被提及的「員工分紅入股」，指的是公司「應」

於章程中明訂，在各年度獲利成果之中，有一定的比例或數額，來分派酬勞給員工。但如果公司營運狀況尚處於虧損時，應予其他形式彌補，也就是分紅的方式除了用現金，也可以透過發放股票的方式。

員工分紅入股，基本上員工是屬於無償取得，也就是不需要額外付錢就可以取得股份。至於公司要用庫藏股（就是收買回公司已發行股票）或是發行新股的方式來發給員工，基本上也是可由公司來決定。另外，員工分紅入股的形式，公司也可在章程中明訂限制員工該股份轉讓之對象，例如限於公司關係企業等。

為了讓讀者跟對上述五種員工獎勵入股機制更一目了然，整理出以下表格可參考。

	員工獎酬制度	摘要	其他說明
1	員工庫藏股 (167-1)	公司經董事會特別決議，於一定股數、金額範圍內收買其股份，並轉讓於員工。	1. 可限制員工在一定期間內不得轉讓，但最長不可超過兩年。 2. 可以章程明訂轉讓對象包括一定條件之控制或從屬公司員工。
2	員工認股權憑證 (167-2)	公司經董事會特別決議，與員工簽定認股權契約，約定於一定期間內，員工得依約定價格認購特定數量公司之股份，定約後由公司發給員工認股權憑證。	1. 員工取得認股權憑證，原則上不得轉讓。 2. 可以章程明訂轉讓對象包括一定條件之控制或從屬公司員工。

3	員工酬勞 (235-1)	公司應於章程明訂以當年獲利狀況之定額或比率，分派員工酬勞，但尚有累積虧損時，應予彌補。	1. 員工酬勞可以股票或現金為之。發給股票者，得以新股或庫藏股為之。 2. 可以章程明訂轉讓對象包括一定條件之控制或從屬公司員工。
4	員工新股認購權 (267I,II)	公司發行新股時，原則上應保留發行新股總數 10% 至 15% 之股份由公司員工認購。	1. 可以章程明訂轉讓對象包括一定條件之控制或從屬公司員工。 2. 可限制員工在一定期間內不得轉讓，但最長不可超過兩年。 3. 不適用情況：閉鎖性股份有限公司 (356-12)、為公司併購而發行新股的 (企業併購法 8) 及外資出資達 45% 以上 (外國人投資條例 15) 等。
5	限制員工權利新股 (267VIII); 發 行 人募集與發行有價證券處理準則 60 之 1	經股東會特別決議，公司發給員工之新股附有服務或績效條件等既得條件，於既得條件達成前，其股份權利受有限制者。	1. 員工無償或有償取得。 2.2018 年修法新增，可以章程明訂轉讓對象包括一定條件之控制或從屬公司員工。 3. 於員工未達成既得條件時，公司得依發行辦法之約定收回或收買已發行之限制員工權利新股。

回到「開心圓滿」的案例，營運團隊想讓店長以入股的方式來維繫勞資的關係，甚至能激勵內部團隊士氣，除了加薪之外，還能透過入股方式，讓員工在工作中獲得成就感。

　　盤點我國現行的法規之下，就有上述五種員工入股的方式可選擇，且每種方式都有其特性，沒有必然的好壞。企業老闆必須意識到，入股的制度設計，是可依照自身企業的實際需求進行調整，同時獎勵員工的方式並非單選題，而是複選題。入股的方案也不限於只採取一種，而是能在不同階段時期，可採取不同的模式操作。

　　我國《公司法》在 2018 年修法後，擴大公司對員工入股的獎勵管道與工具，其中特別是員工限制型新股的模式，可結合員工的工作服務與績效表現，來當成員工是否取得股份的條件。在條件沒有達成前，股份雖然已經發行，但員工所取得股份之權利仍是受到相當的限制，不能出售、移轉或贈與他人，也無法設定負擔，且股份應由信託機構保管，表決權也是由保管機構行使。這項制度對於企業而言，有更大彈性操作空間，可透過入股模式來創造企業與員工的雙贏局面。

本節重點摘要

1. 員工取得公司股份可有五種方式，包含員工庫藏股、員工認股憑證、員工新股認購權、員工限制型新股、員工分紅入股等。
2. 《公司法》於 2018 年有進一步修正，更擴大員工獎酬入股的管道與工具，讓員工有更多機會取得公司的股份。
3. 本節提及《公司法》相關法條細節可參考全國法規資料庫網站，網址：https://law.moj.gov.tw/LawClass/LawAll.aspx?pcode=J0080001 或手機直接掃描以下 QR-Code 條碼，跳轉到全國法規資料庫《公司法》網頁

4.3

公司合併與營業財產讓與

「開心圓滿」自從有電機系教授的創新技術加持，加上多位元老級的員工入股之後，整間公司的營運狀態欣欣向榮，競爭實力也更上層樓。這時候，某家知名上市公司，注意到開心圓滿的產品，知道這家新創雖然初期經過一些顛簸，但上市公司認為開心圓滿這款智慧手環還可以持續改良設計，相信穿戴裝置的商機是前景暢旺。

因此，上市公司的高層主管找上開心圓滿的經營團隊，希望透過投資合作或併購方式來挹注更多研發資源，幫助開心圓滿在短時間內獲得更多的技術突破實力。這時候，A君負責人就開始思考，面對上市公司的不斷邀請，究竟該用什麼方式，讓後續的合作是對公司最有利的呢？

從本書的案例作為觀察，隨著公司營運步上軌道，並且業務營收表現逐漸成長之後，這時候公司往往就會希望透過增資來因應企業規模擴張的需求。有些公司是透過增加人力、物力，來實現擴編公司組織及提升產能的目的，不過這類策略往往需要相當長的時間及成本的投入，才能看到實際成效。

因此，在當今商業模式快速變遷且市場高度競爭的產業環境之下，觀察近年企業佈局的另一種「轉骨」策略，會選擇在市場上直接尋找發展相當規模的企業來合併，或是將其公司營業內容或財產予以受讓。因此這一節將聚焦探討公司面臨合併時需要注意哪些程序，以及營業財產讓與需要

注意哪些項目。

一般公司合併的 9 項程序

在探究公司合併的程序之前，首先定義何謂公司合併。根據《公司法》或《企業併購法》規定可得知，公司合併為訂立契約，並使兩個以上的公司歸於或轉變成一個公司。

至於公司合併的態樣主要可分為兩種模式，其一是「吸收合併」（也可稱為存續合併）為兩個或以上之公司合併，當中的一家公司存續，其餘的公司均消滅。其二為「創設合併」（也可稱為新設合併）意思是兩個或以上之公司合併之後，共同參與合併的公司均消失，而另外再成立一家新公司。

至於公司合併之後效力會如何展現，主要有兩大重點：

· 消滅公司因合併而解散，無須經過清算程序，人格即歸消滅。
· 因合併而消滅之公司，其權利義務由存續或新設公司概括承受。

在《公司法》及《企業併購法》條文當中皆有明定公司合併的程序，二者規定大致上相同，以下主要針對「一般（普通）公司」合併所需要進行的法定程序，依序來逐一說明。（這邊指的一般公司，指的是非屬於「非對稱合併」[1] 及「簡易合併」[2]，因這二者屬較非一般情形，礙於篇幅本書即未列入說明）。

公司合併程序之 1

董事會應作成合併契約，且合併契約書應以書面為之。參考《企業併購法》第 22 條第 1 項及《公司法》第 317 條第 1 項與第 317 條之 1。

公司合併程序之 2

合併契約書應記載之事項應載明以下 5 項要素：

- 參與合併之公司名稱、資本額及合併後存續公司或新設公司之名稱及資本額。
- 存續公司或新設公司因合併發行該公司股份；或換發其他公司股份之總數、種類及數量；或換發現金或其他財產數量。
- 存續公司或新設公司因合併，對於消滅公司股東配發該公司或其他公司股份之總數、種類及數量；或換發現金或其他財產與配發之方法及其他有關事項。
- 依法買回存續公司股份，作為配發消滅公司股東股份之相關事項。
- 存續公司之章程變更事項，或新設公司依《公司法》第 129 條規定應訂立之章程。

公司合併程序之 3

董事會應召集股東會：董事會作成合併契約書，提出於股東會，且合併契約書，應於發送合併承認決議股東會之召集通知時，一併發送於股東，不得以臨時動議提出。

公司合併程序之 4

須經過股東會的合併決議：股東會對於公司解散、合併之決議，應有代表已發行股份總數 2 ／ 3 以上股東出席，以出席股東表決權過半數之同意行之。如章程有較高規定者，應按章程規定決議行之。

公司合併程序之 5

應編造資產負債表及財產目錄：公司決議合併時，應即編造資產負債表及財產目錄。

公司合併程序之 6

應踐行保護公司債權人的程序：公司在合併之決議後，應即向各債權人分別通知及公告，並指定 30 日以上期限，聲明債權人得於期限內提出異議。

公司不為前項之通知及公告，或對於在其指定期間內對提出異議之債權人不為清償、不提供相當之擔保，不成立專以清償債務為目的之信託或未經公司證明無礙於債權人之權利者，不得以其合併對抗債權人。

公司合併程序之 7

應按公平價格買回異議股東持有之股份：公司合併，股東於股東會集會前或集會中，以書面表示異議，或以口頭表示異議經紀錄者，得放棄表決權，而請求公司按當時公平價格收買其持有之股份。

公司合併程序之 8

應向主管機關申請合併之登記，公司為合併時，應於實行後 15 日內，向主管機關分別依下列各款申請登記：

- 存續之公司為變更之登記（吸收合併）。
- 消滅之公司為解散之登記（吸收合併或新設合併）。
- 另立之公司為設立登記（新設合併）。

但經目的事業主管機關核准，應於合併基準日核准合併登記者，不在此限。

公司合併程序之 9

公司合併後，應踐行之程序，公司合併後，存續公司之董事會，或新設公司之發起人，於完成催告債權人程序後，分別循下列程序行之：

- 存續公司應即召集合併後之股東會，為合併事項之報告，其有變更章程之必要者，並為變更章程。
- 新設公司，應即召開發起人會議，訂立章程。
- 前兩項章程，不得違反合併契約之規定。

公司營業財產讓與的注意事項

除了上述公司的合併方式之外，公司也可以透過受讓他公司「全部」

或「主要」之營業或財產，來擴張自身企業之組織規模及產能績效。依照《公司法》第 185 條第 1 項規定，公司為下列行為，應有代表已發行股份總數 2／3 以上股東出席之股東會，以出席股東表決權過半數之同意行之：

- 締結、變更或終止關於出租全部營業，委託經營或與他人經常共同經營之契約。
- 讓與全部或主要部分之營業或財產。
- 受讓他人全部營業或財產，對公司營運有重大影響。

其中上述的第二、三點就是此處所指的營業或財產之讓與或受讓，且依照該條之規定，必須經過公司股東會的「特別決議」（可參本書 3-2 章所描述的股東會決議描述的內容）同意之後方可以為之。

需要特別強調的是，相對於公司合併會發生公司法人格消滅的情形，公司單純將全部或主要營業或財產轉讓與他公司，並不會發生公司法人格消滅的情形，而僅僅係將與該營業或財產之相關權利義務（例如所有權、經營權、使用權等）移轉予該受讓的公司。正因為讓與後的公司法人格並未消滅，除非公司有辦理解散等決議及程序，公司仍然可以繼續經營，此與因為公司合併而消滅公司法人格的情形，是最大的不同之處。

而其中所謂「全部或主要部分」，依照經濟部 69 年 2 月 23 日 05705 號函解釋係指因讓與全部或主要營業或財產，將影響其原訂經營事業不能成就而言，且此時對於反對的股東或債權人，公司法亦設有相關保護措施。根據公司合併與營業財產讓與的差異，製作出以下表格可供參考。

公司合併與營業財產讓與比較表

	公司合併	營業或財產讓與
內容	人格之結合，有一家以上公司人格消滅。	經營業或財產所生之權利義務，即將基於有效契約對第三人之債權債務轉讓他人之行為，沒有任何一家公司消滅。
法律規範	《公司法》第 72 條至 75 條、第 316 條至 319 條。	《公司法》第 185 條
決議程序	未規定董事會表決方式。股東會部分應有代表已發行股份 2／3 出席，出席股份表決權過半數同意。	必須由 2／3 以上董事出席之董事會，以出席董事過半數之決議提出議案。股東決議方式同前。
是否須訂定書面契約	合併雙方均須訂定合併契約	未規定
股東得否請求買回股份	在集會前後以書面或口頭經紀錄表示異議，並放棄表決之股東得請求買回。	股東於股東會為前條決議時，已以書面通知公司反對該項行為之意思表示，並於股東會已為反對者，得請求公司買回。
通知債權人方式	對債權人分別通知或公告	毋庸通知或公告
債權人得否異議	得異議	不得異議
法律效果	1. 未為通知或公告不得對抗債權人。2. 已通知或公告者，由存續或新設公司承受所有權利義務。	讓與人脫離因該營業及財產所生之法律關係，由受讓人繼受。但若其中具有對第三人債務關係，其移轉仍須有該第三人債權人同意方能使債務發生移轉的效力。

公司合併有區分存續及創設合併，根據本書設定的案例「開心圓滿」這間公司因為是被他人併購的公司，勢必會因為併購而使公司消滅。

但若採取新設公司的合併方式，因為是兩家公司同時都消滅，再成立新設的公司，此時「開心圓滿」公司的股東們，自然仍有可能在新設公司成立時，基於併購條件洽談，取得新設公司之股份。當然，若公司股東若認為來併購公司的股份仍具有一定之價值，當然也可以選擇以受讓併購之存續公司之股份的方式來進行。

另外，如果「開心圓滿」公司希望繼續保留公司商業登記，不希望因為併購而消滅，當然也可以參考《公司法》第 185 條規定，僅將公司全部或主要部份之營業或財產轉讓予有意併購知該上市公司，如此以來，該公司就還是能夠繼續營業並開發其他事業體項目，亦不失為一個可選擇的方案。

當然也有一種情形，是「開心圓滿」公司各股東，同意將公司的「部分」股份轉讓與該上市公司。此時若該上市公司取得「開心圓滿」的股份達到一定比例，開心圓滿與該上市公司則會成為「關係企業」，彼此都會保留住公司之法人格主體，並成為具有一定上下從屬或互惠合作之企業集團，這也是現今商場上許多企業會採取的策略合作方式。

───────○ 本節重點摘要 ○───────

1. 當公司發展到一定程度，希望營收再成長或擴大營運規模，可運用公司合併或營業財產讓與作為公司邁向新里程的策略。
2. 公司在進行合併的過程，相關踐行程序必須注意相關法條規範，主要合併可拆解為九大流程。
3. 公司合併跟營業財產讓做比較，最大不同是公司合併會發生公司法人格消滅；公司單純將全部或主要營業或財產轉讓與他公司，並不會發生公司法人格消滅的情形。
4. 本節提及《企業併購法》相關法條細節可參考全國法規資料庫網站，網址：https://law.moj.gov.tw/LawClass/LawAll.aspx?pcode=J0080041 或手機直接掃描以下 QR-Code 條碼，跳轉到全國法規資料庫《公司法》網頁

───────────────────

1. 指存續公司為合併發行之新股，未超過存續公司已發行有表決權股份總數之 20%，且交付消滅公司股東之現金或財產價值總額未超過存續公司淨值之 2% 者。
2. 公司合併其持有 90% 以上已發行股份之子公司時的合併。

識財經 33

紙上律師：創業有辦法

作 者	周念暉	
文 字 整 理	陳薪智	
出 版 經 紀	卓天仁	
封 面 攝 影	石吉弘	
視 覺 設 計	徐思文	
主 編	林憶純	
行 銷 企 劃	王綾翊	

第五編輯部總監　梁芳春
董 事 長　趙政岷
出 版 者　時報文化出版企業股份有限公司
　　　　　108019 台北市和平西路三段 240 號
　　　　　發行專線―（02）2306-6842
　　　　　讀者服務專線― 0800-231-705、（02）2304-7103
　　　　　讀者服務傳真―（02）2304-6858
　　　　　郵撥― 19344724 時報文化出版公司
　　　　　信箱― 10899 台北華江橋郵局第 99 信箱

時 報 悅 讀 網　http://www.readingtimes.com.tw
電 子 郵 箱　yoho@readingtimes.com.tw
法 律 顧 問　理律法律事務所 陳長文律師、李念祖律師
印 刷　勁達印刷有限公司
初 版 一 刷　2021 年 4 月 16 日
初 版 二 刷　2021 年 10 月 14 日
定 價　新台幣 320 元
（缺頁或破損的書，請寄回更換）

紙上律師：創業有辦法／周念暉　作．―― 初版．
―臺北市：時報文化，2021.4
　176 面：17*23 公分
　ISBN 978-957-13-8491-7（平裝）
1. 企業管理　2. 企業法規
　494.1　　　　109019543

ISBN 978-957-13-8491-7
Printed in Taiwan